Die in den Sitzungsberichten Abtlg. I und Abtlg. IIa der math.-nat. Klasse der Österr. Ak. d. Wiss. erscheinenden Abhandlungen werden auch einzeln abgegeben. Sie können durch jede Buchhandlung oder direkt durch die Auslieferungsstelle der Österreichischen Akademie der Wissenschaften (Wien I, Singerstraße 12) bezogen werden.

Nachfolgende Abhandlungen aus dem Fache **Botanik** (Biologie) sind erschienen:

1953 (S I Bd. 162):

Loub W.: Zur Algenflora der Lungauer Moore (mit 3 Textabbildungen). S 22.90
Wimmer Ch., und Höfler K.: Über die Eigenfluoreszenz lebender, absterbender und toter Florideenzellen (mit 3 Textabbildungen). S 9.60
Diskus A.: Vom Osmoseverhalten halophiler Euglenen vom Neusiedler See (mit 8 Tafeln). S 8.50

1954 (S I Bd. 163):

Kiermayer O.: Die Vakuolen der Desmidiaceen, ihr Verhalten bei Vitalfärbe- und Zentrifugierungsversuchen (mit 23 Textabbildungen), 48 Seiten. S 32.30
Loub W., Url W., Kiermayer O., Diskus A., und Hilmbauer K.: Die Algenzonierung in Mooren des österreichischen Alpengebietes (mit 1 Textabbildung und 3 Tafeln), 48 Seiten. S 26.70
Luhan Maria: Zur Wurzelanatomie unserer Alpenpflanzen III. Gentianaceae (mit 4 Textabbildungen und 1 Tafel), 19 Seiten. S 14.90
Poelt J.: Moosgesellschaften im Alpenvorland I (mit 3 Textabbildungen), 34 Seiten. S 15.10
Poelt J.: Moosgesellschaften im Alpenvorland II (mit 1 Textabbildung), 45 Seiten. S 26.50
Scheidl W.: Auslösung von Vakuolenkontraktion durch undissoziierte Basen (mit 12 Textabbildungen und 15 Diagrammen), 44 Seiten. S 28.—
Schiller J.: Über Cyanophyceen aus kleinen künstlichen Wasserbecken und aus dem Ruster Kanal des Neusiedler Sees (mit 17 Textabbildungen [49 Einzelbilder]), 31 Seiten. S 23.40

1955 (S I Bd. 164):

Hölzl J.: Über Streuung der Transpirationswerte bei verschiedenen Blättern einer Pflanze und bei artgleichen Pflanzen eines Bestandes (mit 8 Textabbildungen). S 40.—
Huber Elfriede: Vitalfärbungsversuche an Hochmooralgen mit leeren und vollen Zellsäften (mit 13 Abbildungen auf 3 Tafeln). S 36.40
Kiermayer O.: Über die Reduktion basischer Vitalfarbstoffe in pflanzlichen Vakuolen (mit 4 Tafeln und 1 Farbtafel). S 25.20
Loub W.: Algenbiozönosen des Neusiedler Sees (mit 9 Textabbildungen). S 22.—
Url W.: Resistenz von Desmidiaceen gegen Schwermetallsalze (mit 8 Abbildungen auf 2 Tafeln). S 23.—
Ziegler Annemarie: Die blau fluoreszierenden Idioblasten der Scrophulariaceen: Morphologie, Mikrochemie und Vitalfärbbarkeit (mit 19 Abbildungen im Text und auf 3 Tafeln). S 46.90

1956 (S I Bd. 165):

Abel W. O.: Die Austrocknungsresistenz der Laubmoose (mit 14 Abbildungen im Text und auf 5 Tafeln). S 73.30
Fetzmann Elsa Leonore: Beitrag zur Algensoziologie (mit 8 Textabbildungen, 4 Tafeln und 1 Beilage). S 73.60
Lenk Ingeborg: Vergleichende Permeabilitätsstudien an Süßwasseralgen (Zygnemataceen und einige Chlorophyceen) (mit 7 Textabbildungen). S 83.60
Sperlich A.: Die Fortpflanzungstüchtigkeit (Phyletische Potenz) des Fremdbefruchters. Nach Versuchen mit drei Formen des Alectorolohus hirsutus (Lam.) Alb. S 58.90

1957 (S I Bd. 166):

Politis J.: Über die „Tanninoplasten" oder Gerbstoffbildner der Crassulaceae (mit 2 Textabbildungen und 1 Tafel). S 6.—
Politis J.: Über einen neuen Pflanzenfarbstoff in den Blüten einiger Verbascum-Arten (mit 2 Tafeln). S 5.20
Übeleis Ilse: Osmotischer Wert, Zucker- und Harnstoffpermeabilität einiger Diatomeen (mit 1 Textabbildung). S 30.40

1958 (S I Bd. 167):

Höfler Karl: Permeabilitätsstudien an Parenchymzellen der Blattrippe von Blechnum spicant (mit 5 Textabbildungen). S 45.—
Rechinger K. H., Dulfer H. und Patzak A.: Sirjaevii fragmenta astragalogica IV. S 38.10
Url Walter: Zur Wirkung der Atmungsgifte Natriumazid und Dinitrophenol auf die Permeabilität von Blechnum spicant-Zellen (mit 3 Textabbildungen). S 25.—
Wawrik Friederike: Hochgebirgs-Kleingewässer im Arlberggebiet III (mit 3 Textabbildungen und 1 Tafel). S 18.90

Additional material to this book can be downloaded from http://extras.springer.com

ISBN 978-3-662-24182-0 ISBN 978-3-662-26295-5 (eBook)
DOI 10.1007/978-3-662-26295-5

Dr. Fritz Legler zum Gedächtnis

Die Diatomeenflora des Salzlackengebietes im österreichischen Burgenland.

Von Friedrich Hustedt, Bremen

Mit 31 Textabbildungen und 1 Tafel

(Aus der Biologischen Station Lunz a. See und dem Pflanzenphysiologischen Institut der Universität Wien)

(Vorgelegt in der Sitzung am 19. März 1959)

Inhalt.

Einleitung.

Etwa 60 km südöstlich Wiens erstreckt sich östlich des Neusiedler Sees das Gelände des „Seewinkels", das seinen Namen nach den zahlreichen größeren und kleineren „Seen" führt, die die meistens sehr flachen Mulden des Geländes ausfüllen, das nur wenige Meter über dem Niveau des viel ausgedehnteren Neusiedler Sees liegt. Bezüglich der verschiedenen Theorien über die Entstehung der Gewässer, ihrer morphologischen Charaktere sowie hinsichtlich der klimatischen Bedingungen, denen sie unterliegen, verweise ich auf H. FRANZ, K. HÖFLER und E. SCHERF (1937) und besonders auf H. LÖFFLER (1957), wo auch die neueste Literatur kritisch ausgewertet wird. Nur einige Eigentümlichkeiten der Gewässer seien hier kurz erwähnt, soweit sie für das Verständnis der nachfolgenden Ausführungen grundlegend sind.

Sämtliche stehenden Gewässer haben nur eine sehr geringe Tiefe, die selten 1 m übersteigt. Es fehlt also stets die durch eine größere Tiefe bedingte Zonierung, durch die ein See ausgezeichnet ist, so daß es sich in allen Fällen — auch wenn der Volksmund von einem „See" spricht — um Gewässer mit teichartigem Charakter handelt, die, mundartlich verschieden, als Lacken oder Lachen bezeichnet werden. Sie liegen vorwiegend auf tonigen Alkaliflächen oder „Zickböden" (nach dem ungarischen „szik" = Soda, Salz), weniger auf sandigem oder auch sumpfigem und ausgesüßtem Boden. Die meisten Lacken besitzen einen mehr oder weniger ausgedehnten *Phragmites*-Gürtel, daneben andere Phanerogamen, zum Teil Halophyten (vgl. FRANZ, HÖFLER, SCHERF, l. c., WENDELBERGER 1950, 1959), aber auch Laubmoose, Algenwatten, am Boden häufig Überzüge von Cyanophyceen, besonders bei den größeren Lacken sind jedoch weite Uferstrecken oft völlig frei von einer höheren Vegetation. Da den Lacken jegliche Zuflüsse fehlen, trocknen manche von ihnen während des sommerlich trockenen Klimas häufig für längere oder kürzere Zeit völlig aus, während in regenreichen Perioden der höhere Wasserstand auch noch einen Teil des umgebenden Geländes überschwemmt und selbst in Wagenspuren und Pfützen eine Mikrophytenvegetation erzeugt.

Die geologischen Differenzen des Untergrundes führen naturgemäß zu entsprechenden Unterschieden im Chemismus der Lacken, der andererseits durch den klimatisch bedingten Wasserstandswechsel innerhalb der einzelnen Gewässer zu sehr beträchtlichen Schwankungen sowohl hinsichtlich der Gesamtkonzentration als auch der Ionenverhältnisse führt. Insgesamt betrachtet, bieten somit die Lacken besondere, zum Teil extreme ökologische Bedingungen, die sich besonders auf die mikroskopische Lebewelt auswirken müssen.

Auf Veranlassung von Herrn Prof. Dr. K. HÖFLER begann daher der im Kriege gefallene Dr. FRITZ LEGLER schon 1939 eine Untersuchung der Diatomeenflora des Gebiets, die er aber nicht zum Abschluß bringen konnte, nur ein kleiner, mehr einleitender Teil ist erschienen (LEGLER 1941). Der 1959 in Wien stattfindende Internationale Limnologenkongreß ließ es jedoch wünschenswert erscheinen, eine eingehendere Bearbeitung des biologisch interessanten Lackengebietes durchzuführen, die ich auf Anregung von Herrn Prof. Dr. F. RUTTNER gern übernommen habe. Als erstes Material dienten mir die Präparate LEGLERS, die mir von Herrn Prof. HÖFLER zur Verfügung gestellt wurden, und die ich während eines Aufenthaltes an der Biologischen Station in Lunz durcharbeiten konnte. Leider erwiesen sich diese Präparate als unzureichend, das Einbettungsmittel, Piperin-Cumaron, hatte zum Teil durch Kristallisation manche Präparate verdorben, während in anderen durch starke Erhitzung beim Einbetten die Individuen zu mehr oder weniger dicken Schichten durcheinander gewirbelt waren und eine einwandfreie Analyse fast unmöglich machten. Auf meine Bitte sandte mir Herr Prof. HÖFLER später das noch vorhandene Originalmaterial LEGLERS, das aber völlig eingetrocknet und damit unbrauchbar geworden war, ein Versuch, es mit Hilfe von H_2O_2 wieder aufzulösen, hatte nur sehr geringen Erfolg.

Der zweite Teil des Materials bestand aus den Proben, die Herr Dr. LÖFFLER im Dezember 1956 gesammelt hatte und die ihm als Grundlage seiner Arbeit (1957) dienten. Nur ein Teil dieser — ganz oder vorwiegend — mit dem Planktonnetz entnommenen Proben enthielt Diatomeen, die meisten waren völlig frei oder zeigten nur Spuren weniger Arten.

Einige Proben konnte ich selbst gemeinsam mit Herrn Prof. HÖFLER am 29. Juni 1958 während einer Exkursion, an der ich als Gast teilnehmen konnte, sammeln, die aber zum Teil ebenfalls frei von Diatomeen waren. Die Ursache liegt wahrscheinlich in dem infolge des nassen Sommers hohen Wasserstand, so daß die Bodenproben vermutlich von Stellen entnommen wurden, die normalerweise nicht zum eigentlichen Seeboden gehören.

Es ist selbstverständlich, daß diese erwähnten Materialien als einzige Grundlage nicht für eine Bearbeitung ausreichten, insbesondere auch deshalb, weil ein großer Teil des LEGLERschen Materials nicht aus Lacken, sondern aus undefinierbaren Tümpeln und Gräben stammte, und es außerdem wünschenswert war, gleichzeitig mit der Probenentnahme den jeweiligen Chemismus festzustellen. Die Möglichkeit, noch im November 1958 umfassenderes Material aus 16 Lacken sammeln zu können, wurde mir durch eine Subvention der Wiener Akademie der Wissenschaften gegeben, und es ist mir eine angenehme Pflicht, der Akademie dafür meinen verbindlichsten Dank abzustatten.

Ebenso danke ich Herrn Prof. HÖFLER für die Überlassung des LEGLERschen Materials, Herrn Prof. FINDENEGG und Prof. RUTTNER für die gastlichen Wochen in der Biologischen Station Lunz, Herrn Dr. LÖFFLER für seine tatkräftige Mitarbeit bei der Beschaffung des Materials und die Überlassung der chemischen Daten, nicht weniger aber auch Herrn Oberförster KLEIN in Illmitz für seine sachkundigen Führungen in dem unübersichtlichen Lackengebiet.

In der vorliegenden Darstellung werden 21 Lacken behandelt, von denen ausreichendes Material vorliegt, während die Gewässer, die nur durch eine, häufig nicht einmal Diatomeen enthaltende Probe vertreten sind, bis zur Beschaffung weiteren Materials zurückgestellt werden mußten. Ebenso sind einige von LEGLER erwähnte Lacken, die bislang nicht identifiziert werden konnten, und die Kleingewässer, wie Tümpel, Pfützen, Gräben, Ziehbrunnen, unberücksichtigt geblieben, sie sollen im Zusammenhang mit den restlichen Lacken in einer ergänzenden Arbeit behandelt werden.

In dieser Arbeit handelt es sich um folgende Gewässer:

Szerdahelyer Lacke	Obere Silberlacke
Mosadolacke	Untere Silberlacke
Lange Lacke	Albersee
Meierhoflacke	Zicksee bei Illmitz
Hallabernlacke	Oberer Schrändl
Darscholacke	Herrnsee (43, LÖFFLER)
Obere Halbjochlacke	Herrnsee (43a, LÖFFLER)
Fuchslochlacke	Einsetzlacke
Oberer Stinker	Runde Lacke
Unterer Stinker	Krautinglacke
	Heidlacke

Diese Auswahl ist, abgesehen von der Materialfrage, getroffen, weil damit alle ökologischen Extreme vertreten sind.

Die wesentlichste Aufgabe mußte zunächst darin bestehen, den Artenbestand für jede Lacke festzustellen und aus der Verbreitung Schlüsse auf den autökologischen Charakter der einzelnen Formen zu ziehen. Eine assoziationsbiologische Untersuchung wird im Lackengebiet außerordentlich erschwert, teils durch die bereits erwähnten Wasserstandsschwankungen, teils durch die oft heftigen bis stürmischen Winde, denen die offenen Lacken ausgesetzt sind, so daß infolge der geringen Wassertiefe die Komponenten der ursprünglich differenzierten Kleinstbiotope vielfach zu unnatürlichen Assoziationen vermischt werden und diese Probleme nur durch länger dauernde Beobachtung unter Berücksichtigung der Witterungsbedingungen gelöst werden können.

I. Charakteristik der Diatomeenflora der untersuchten Lacken.

Die Nummern und Namen der Gewässer entsprechen der von LÖFFLER gegebenen Übersicht, und sie werden hier in derselben Reihenfolge behandelt, um einen Vergleich unserer Ergebnisse zu erleichtern.

8. Szerdahelyerlacke.

Chemische Daten	Dez. 1956	Nov. 1958[1]
Leitvermögen ($\varkappa \cdot 10^{-6}$)	740	985
Alkalinität (mval SBV)	8,50	8,60
Ca^{++}	27,0	31 mg/l
Mg^{++}	57,0	63 mg/l
Na^{+}	98	97 mg/l
K^{+}	9	9 mg/l
Cl^{-}	21	32 mg/l
SO_4^{--}	69	80 mg/l

An Diatomeenmaterial liegen 5 Proben vor, vom Dezember 1956 (leg. LÖFFLER), Juni und November 1958, die hinsichtlich der Zusammensetzung nur geringe Unterschiede, vorwiegend quantitativer Art, aufweisen. Insgesamt wurden folgende Formen festgestellt[2]:

Achnanthes minutissima
Amphora coffeaeformis
— ovalis
— veneta
Anomoeoneis sphaerophora
— — var. sculpta
Caloneis silicula
Cocconeis placentula
Cyclotella Meneghiniana
— ocellata ss
Cymatopleura solea
Cymbella affinis
— lanceolata
Cymbella microcephala
— obtusa
— pusilla h
— tumidula
Epithemia argus h
— sorex
— turgida
— zebra f. porcellus
Fragilaria intermedia
Gomphonema acuminatum
— constrictum
— parvulum
Gyrosigma acuminatum

[1] Die November-Werte 1958 für Na, K und SO_4 konnten aus technischen Gründen erst später bestimmt werden. Sie konnten daher nicht mehr ausgewertet werden, sind aber während der Korrektur eingesetzt, um als Material für spätere Untersuchungen zu dienen.

[2] In den Listen bedeuten m = massenhaft, sh = sehr häufig, h = häufig, s = selten, ss = sehr selten.

Hantzschia amphioxys
— spectabilis
— vivax
Mastogloia Smithii h
Navicula bacilliformis
— cincta sh
— cryptocephala
— cuspidata
— — var. Heribaudi
— — var. ambigua
— halophila
— oblonga
— pupula
— pygmaea
— radiosa
— subrhynchocephala
— tenella
Neidium iridis
Nitzschia amphibia
— angustata
— apiculata
Nitzschia communis
— denticula
— frustulum
— — perpusilla
— hungarica
— Legleri
— palea
— sigma
— sigmoidea sh
— subtilis h
— tryblionella
Pinnularia appendiculata h
— microstauron var. Brebissonii
— — — f. diminuta
— viridis
Rhopalodia gibba h
Synedra capitata
— minuscula
— pulchella
— tabulata
— ulna f. biceps

Die Gesamtzahl der beobachteten Diatomeen beträgt somit 68 in 64 Arten und 4 Varianten, unter denen sich 17 Halophyten befinden. Von ihnen sind jedoch nur *Navicula cincta* und *Cymbella pusilla* häufig, während es sich bei den übrigen 15 Formen fast nur um halophile Diatomeen handelt, von denen jedoch *Synedra pulchella* und *S. tabulata* eine Ausnahme bilden, die zu den euryhalinen Mesohalobien gehören und deren Vorkommen zu den niedrigen Na- und Cl-Werten im Widerspruch zu stehen scheint. Dagegen findet der höhere Gehalt an Ca und Mg seinen deutlichen Ausdruck in dem häufigen Auftreten von *Epithemia argus*, *Mastogloia Smithii* und *Rhopalodia gibba*.

12. Mosadolacke.

Chemische Daten	Dez. 1956	Nov. 1958
Leitvermögen ($\varkappa \cdot 10^{-6}$)	1880	2240
Alkalinität (mval SBV)	17,10	18,80
Ca^{++}	9,5	5 mg/l
Mg^{++}	8,0	2 mg/l
Na^{+}	490	570 mg/l
K^{+}	14	20 mg/l
Cl^{-}	53	68 mg/l
SO_4^{--}	202	240 mg/l

An Material liegen 4 Proben vor, eine Planktonprobe vom Dez. 1956 (leg. LÖFFLER) und 3 Proben (Plankton und Aufwuchs) vom Nov. 1958. Die beiden Planktonproben enthielten keine Diatomeen, die Aufwuchsmaterialien waren beide identisch und enthielten nur die folgenden 9 Arten in ziemlich wenigen Individuen:

Amphora veneta
Anomoeoneis sphaerophora
Navicula cincta
— halophila
Nitzschia austriaca
— communis
Nitzschia frustulum
— palea
— vitrea
Stauroneis Wislouchii
Surirella Höfleri

also vorwiegend Halophyten bis indifferente Arten. Die Mosadolacke ist dasjenige Gewässer, in dem die geringste Artenzahl innerhalb des bisher untersuchten Gebiets festgestellt wurde. Sie gehört nach LÖFFLER (1957, S. 32) zu den Lacken mit stärkerer anorganischer Trübung; wie weit hier die Ursache der Artenarmut zu suchen ist, soll in einem späteren Abschnitt diskutiert werden.

14. Lange Lacke.

Chemische Daten	Dez. 1956	Nov. 1958
Leitvermögen ($\varkappa \cdot 10^{-6}$)	1200	1760
Alkalinität (mval SBV)	10,20	12,80
Ca^{++}	7,0	9,0 mg/l
Mg^{++}	95,0	83 mg/l
Na^{+}	191	274 mg/l
K^{+}	11	16 mg/l
Cl^{-}	54	74,5 mg/l
SO_4^{--}	241	224 mg/l

An Material liegen 3 Proben vor, Plankton vom Dez. 1956 (leg. LÖFFLER), Plankton und Boden vom Nov. 1958. Die ältere Planktonprobe enthielt keine Diatomeen, in den beiden übrigen fanden sich insgesamt die folgenden 44 Formen in 42 Arten mit 2 Varianten:

Achnanthes coarctata
Amphiprora paludosa
Amphora ovalis
— veneta
Anomoeoneis sphaerophora
Caloneis silicula
Cyclotella Meneghiniana
— ocellata ss
Cylindrotheca gracilis
Cymbella pusilla
— tumidula
Epithemis sorex
Gomphonema olivaceum
— parvulum
Gyrosigma peisonis
Hantzschia amphioxys

Navicula cincta
— cryptocephala
— cuspidata
— — var. ambigua
— — var. Heribaudi
— halophila
— mutica
— pupula
— pygmaea
Nitzschia apiculata
— amphioxoides
— communis
— hungarica
— Legleri
— palea
Nitzschia frust. v. perpusilla
— sigma
— tryblionella h
— vitrea
Pinnularia microstauron var. Brebissonii
Rhoicosphenia curvata
Rhopalodia gibba h
— gibberula
Scoliotropis peisonis
Surirella peisonis
Synedra pulchella
— tabulata
— ulna

Etwa die Hälfte dieser Formen kann als halophil bis mesohalob bezeichnet werden, jedoch erreicht von ihnen nur *Nitzschia tryblionella* eine größere Häufigkeit. Zu den besonders zu beachtenden Arten gehören *Cylindrotheca gracilis*, *Gyrosigma peisonis*, *Scoliotropis peisonis* und *Surirella peisonis*. Ob *Achnanthes coarctata* und *Cyclotella ocellata* in der Langen Lacke tatsächlich heimisch oder nur eingeschleppt sind, kann nur durch weitere Beobachtungen entschieden werden, *Achnanthes coarctata* gehört jedenfalls zu den oligohaloben Aërophyten, die also höchstens als litorale Aufwuchsform vorkommen kann. *Navicula cuspidata* und ihre var. *ambigua* treten mehrfach mit Craticularstadien und var. *Heribaudi* als Mutante auf.

19. Meierhoflacke.
(beim Apetloner Hof).

Chemische Daten	Dez. 1956	Nov. 1958
Leitvermögen ($\varkappa \cdot 10^{-6}$)	3260	3350
Alkalinität (mval SBV)	11,00	12,80
Ca^{++}	13,0	25 mg/l
Mg^{++}	64,5	44 mg/l
Na^{+}	774	672 mg/l
K^{+}	45	100 mg/l
Cl^{-}	317	299 mg/l
SO_4^{--}	1000	738 mg/l

Es liegen 4 Proben vor, Plankton vom Dez. 1956 (leg. LÖFFLER), Algenwatten aus dem *Juncus*-Bestand und Plankton vom Nov. 1958. Während die letztgenannte Probe keine Diatomeen enthielt, ließen sich in den übrigen Aufsammlungen folgende 29 Formen feststellen:

Amphora commutata
— ovalis
— veneta
Anomoeoneis costata h
— sphaerophora
Cyclotella Meneghiniana
Cymbella pusilla sh
Gomphonema parvulum
Hantzschia amphioxys
Navicula cincta h
— cryptocephala
— cuspidata var. ambigua
— hungarica
— pygmaea
Nitzschia communis h
Nitzschia frustulum
— hungarica
— ovalis
— romana
— vitrea h
Pinnularia microstauron
— — var. Brebissonii
— viridis
Rhopalodia gibberula h
Scoliotropis peisonis
Surirella ovalis
— peisonis
Synedra pulchella
— tabulata

Die Formenzahl ist wieder sehr gering, die häufig auftretenden Arten sind vorwiegend halophile Diatomeen. Der Einfluß des hohen Sulfatgehalts kommt durch das Auftreten von *Scoliopleura peisonis* und *Surirella peisonis* zum Ausdruck.

21a. Hallabernlacke.

Chemische Daten liegen nur vom November 1958 vor:

Leitvermögen ($\varkappa \cdot 10^{-6}$)	870	Na^+	103 mg/l
Alkalinität (mval SBV)	7,88	K^+	8 mg/l
Ca^{++}	45 mg/l	Cl^-	35,5 mg/l
Mg^{++}	50 mg/l	SO_4^{--}	109 mg/l

Untersucht wurden drei Proben vom November 1958, eine Planktonprobe und zwei Aufwuchsproben, die in qualitativer Beziehung weitgehend übereinstimmten. Folgende Formen wurden festgestellt:

Achnanthes linearis
— minutissima
Amphiprora paludosa
Amphora commutata
— ovalis
Anomoeoneis sphaerophora
Caloneis bacillum
— silicula
— — f. truncatula
Cocconeis placentula
Cymatopleura solea
Cymbella aspera
Cymbella cistula
— obtusa
Denticula tenuis s
Diploneis ovalis
— — v. oblongella
Epithemia argus h
— sorex
Eunotia gracilis ss
— lunaris
Gomphonema acuminatum
— — f. Brebissonii
— constrictum

Gomphonema longiceps f. subclavatum
— parvulum
Gyrosigma acuminatum
Hantzschia spectabilis h
Mastogloia Smithii h
Navicula bacilliformis
— cryptocephala
— cuspidata
— — var. ambigua
— — var. Heribaudi
— dicephala
— halophila
— oblonga
— pupula
— — f. capitata
— pygmaea h
— subrhynchocephala
Neidium iridis
Nitzschia amphibia
Nitzschia apiculata
— amphioxyoides
— denticula
— hungarica
— jugiformis
— Legleri
— linearis
— peisonis h
— sigma
— sigmoidea
— vitrea
Pinnularia Kneuckeri
— viridis
Rhopalodia gibba h
— gibberula
Stauroneis anceps
Synedra pulchella
— tabulata
— ulna f. biceps
— — f. danica

Die Zusammensetzung weicht nicht nur zahlenmäßig von den bisher behandelten Lacken ab, sondern auch in qualitativer Beziehung. Von den 63 aufgezählten Formen kann nur etwa $^1/_4$ als mehr oder weniger halophil bezeichnet werden, und der Charakter der Lackenflora wird nur noch durch wenige Arten vertreten, wie *Hantzschia spectabilis*, *Navicula halophila*, *Nitzschia amphioxoides*, *N. peisonis*, *N. vitrea*, *Pinnularia Kneuckeri*, von denen die bisher nur aus dem Burgenland bekannte *Nitzschia peisonis* besonders zu beachten ist. Dieser Charakter der Flora steht in Beziehung zu dem geringen Cl^--Gehalt, während der beträchtliche Anteil an Erdalkalien sowohl im häufigen Vorkommen von *Epithemia argus*, *Mastogloia Smithii*, *Rhopalodia gibba* als auch der größeren Anzahl allgemein verbreiteter alkaliphiler Diatomeen zur Wirkung kommt.

22. Darscholacke.

Chemische Daten	Dez. 1956	Nov. 1958
Leitvermögen ($\varkappa \cdot 10^{-6}$)	2030	2300
Alkalinität (mval SBV)	19,70	19,84
Ca^{++}	7,5	6 mg/l
Mg^{++}	50,0	43 mg/l
Na^+	496	540 mg/l
K^+	9	14,5 mg/l
Cl^-	85	98 mg/l
SO_4^{--}	202	244 mg/l

Zur Verfügung standen drei Proben, eine vom Dezember 1956 (leg. LÖFFLER), Plankton und Algenwatten vom November 1958. Die qualitative Zusammensetzung war trotz des Zeitunterschiedes kaum differenziert. Insgesamt fanden sich folgende Formen:

Achnanthes exigua var. heterovalvata
Amphiprora paludosa h
Amphora ovalis
— subcapitata
— veneta
Anomoeoneis costata
— sphaerophora h
— — var. sculpta
Campylodiscus clypeus v. bicostatus
Cyclotella Meneghiniana
Cymbella cistula sh
— pusilla
Epithemia sorex
Fragilaria construens v. subsalina
Gomphonema olivaceum
Gyrosigma peisonis
Hantzschia vivax
Navicula cryptocephala
— cuspidata var. ambigua
— hungarica h
— mutica
— oblonga
Navicula pygmaea
Nitzschia acicularis
— amphibia f. rostrata
— amphioxoides h
— austriaca
— apiculata
— communis h
— hungarica
— Legleri
— levidensis
— palea h
— tryblionella
— vitrea
Pinnularia microst. v. Brebissonii
Rhoicosphenia curvata
Rhopalodia gibba
— — f. ventricosa
— gibberula
Stauroneis Wislouchii
Surirella Höfleri h
— ovata
—peisonis h
Synedra pulchella

Etwa die Hälfte der 45 Formen gehört zu den indifferenten Oligohalobien. Reichlich vertreten ist die Gattung *Nitzschia*, unter denen sich hier vier neue Formen befinden. Unter den burgenländischen Charakterformen sind besonders *Surirella Höfleri* und *S. peisonis* zu erwähnen, beide Arten sind häufig.

25. Obere Halbjochlacke.

Chemische Daten nur vom Dezember 1956:

Leitvermögen ($\varkappa \cdot 10^{-6}$)	6780	Na^+	2196 mg/l
Alkalinität (mval SBV)	69	K^+	11 mg/l
Ca^{++}	7 mg/l	Cl^-	315 mg/l
Mg^{++}	17,5 mg/l	SO_4^{--}	939 mg/l

Aus der Lacke wurden zwei Proben analysiert, von denen die eine im Dezember 1956 von Dr. LÖFFLER gesammelt wurde, sie enthielt keine Diatomeen. Die zweite Aufsammlung ist eine Bodenprobe, die ich selbst am 29. Juni 1958 entnommen habe, und in der folgende Formen festgestellt wurden:

Achnanthes flexella v. alpestris
Amphora coffeaeformis h
— ovalis
Anomoeoneis costata
— sphaerophora
Cymbella cistula
— ventricosa ss
Denticula tenuis ss
Diatoma hiemale var. mesodon
Fragilaria construens
Navicula mutica ss
Nitzschia communis
— frustulum var. perpusilla h
Rhopalodia gibberula
Surirella Höfleri s

Die Zahl der Diatomeen ist also äußerst gering, ist aber dennoch zu hoch angegeben, weil mit Sicherheit angenommen werden muß, daß einige dieser Arten als allochthone Komponenten aufzufassen sind, zu denen mindestens *Achnanthes flexella*, *Denticula tenuis*, *Diatoma hiemale*, wahrscheinlich aber auch noch andere gehören. Die Ursache dieser Artenarmut ist der extreme Chemismus, der in dem hohen Natriumgehalt mit den sich ergebenden Verbindungen begründet ist. Als auffälligste Art tritt die mesohalobe *Amphora coffeaeformis* auf, die in Salzgewässern des Binnenlandes wie an den Meeresküsten allgemein verbreitet ist. Es ist aber außerordentlich schwer zu entscheiden, ob es sich tatsächlich immer um dieselbe Art handelt. Vielfach sind mehr oder weniger auffallende morphologische Differenzen festzustellen, die vermuten lassen, daß eine komplexe Art oder Gruppe nahe verwandter Formen vorliegt.

26. Fuchslochlacke.

Chemische Daten nur vom Dezember 1956:

Leitvermögen $(\kappa \cdot 10^{6})$	4780	Na^{+}	1404 mg/l
Alkalinität (mval SBV)	46,80	K^{+}	13 mg/l
Ca^{++}	22,0 mg/l	Cl^{-}	227 mg/l
Mg^{++}	12,0 mg/l	SO_4^{--}	495 mg/l

Es wurden vier Proben untersucht: 1. vom Dez. 1956 (leg. LÖFFLER), 2. Auftrieb von der flachen *Atropis*- (*Pucciniella solinaria*-) Wiese, 29. 6. 1958 (leg. HÖFLER), 3. Cyanophyceen und 4. Bodenprobe, beide von mir ebenfalls im Juni 1958 gesammelt. Material 1—3 enthielt keine Diatomeen, nur in der Bodenprobe konnten folgende Formen beobachtet werden:

Amphora coffeaeformis h
Anomoeoneis costata
— sphaerophora h
Navicula cincta
— halophila
Nitzschia austriaca
— communis h
Nitzschia fonticola h
— romana
— vitrea
Rhopalodia gibberula h
Surirella Höfleri h
— peisonis h
Synedra ulna

Die ökologischen Verhältnisse sind zwar weniger extrem als in der oben behandelten Halbjochlacke, aber die Faktorenkomposition läßt auch in der Fuchslochlacke nur eine sehr artenarme Diatomeenflora entstehen, die vorläufig nur 14 Arten umfaßt, die aber, auch im Gegensatz zur Halbjochlacke, sämtlich — vielleicht mit Ausnahme von *Synedra ulna* — autochthon sind und für das Lackengebiet besonders charakteristische Formen betreffen, wie *Navicula halophila*, *Nitzschia austriaca*, *N. vitrea*, *Surirella Höfleri*, *S. peisonis*.

35. Oberer Stinker.

Chemische Daten nur vom Dezember 1956:

Leitvermögen ($\varkappa \cdot 10^{-6}$)	3540	Na^+	1044 mg/l
Alkalinität (mval SBV)	32,60	K^+	23 mg/l
Ca^{++}	6,5 mg/l (28,1)	Cl^-	234 mg/l (184,3)
Mg^{++}	12,5 mg/l (19,7)	SO_4^{--}	390 mg/l (206,4)

Es liegen nur zwei Proben vor, die Dr. Legler am 15. 6. 1939 im Phragmitetum der Lacke sammelte. Die chemischen Daten weichen daher von den Dezember-Werten Löfflers ab, ich führe die von Legler gegebenen Werte in Klammern bei, Natrium und Kalium wurden nicht bestimmt. Material liegt mir nur von einer Probe vor (Legler Nr. 61), für die andere (Nr. 55) konnte ich nur Präparate heranziehen. Eine dritte, von Dr. Löffler im Dezember 1956 gesammelte Probe enthielt keine Diatomeen. Folgende Formen wurden gefunden:

Amphora coffeaeformis
— ovalis
— veneta h
Anomoeoneis costata h
— sphaerophora sh
— — var. sculpta
Campylodiscus clypeus m
— — var. bicostatus sh
Cocconeis placentula m
Cymbella cistula
— pusilla sh
Hantzschia amphioxys f. maior
— spectabilis
— vivax
Mastogloia Smithii
Navicula cincta h
— cuspidata var. Heribaudi
— halophila h
— hungarica
Nitzschia amphioxoides sh
— distinguenda sh
— frustulum h

Nitzschia frustulum var. perpusilla
— hungarica
— jugiformis
— obtusa
— palea
— subtilioides
Nitzschia vitrea
Pinnularia microst. var. Brebissonii
Rhopalodia gibba sh
— gibberula
Scoliotropis peisonis
Surirella peisonis

Die Liste umfaßt 34 Formen und ist besonders durch das massenhafte Auftreten von *Campylodiscus clypeus* charakterisiert, die auch zu den wichtigsten Formen des Neusiedler Sees gehört. Etwa zwei Drittel der Arten sind Halophyten, unter denen auch die Charakterformen des Burgenlandes, wie die *Anomoeoneis*-Arten, *Navicula halophila*, *Hantzschia spectabilis* und *vivax*, *Nitzschia vitrea*, *Scoliotropis peisonis*, *Surirella peisonis*, vertreten sind. Von den neu beschriebenen *Nitzschia*-Arten finden sich hier drei Formen, von denen *N. distinguenda* vorläufig auf diesen Standort beschränkt ist.

36. Unterer Stinker.

Chemische Daten		Dez. 1956	Nov. 1958
Leitvermögen ($\varkappa \cdot 10^{-6}$)		2100	2780
Alkalinität (mval SBV)		20	24,40
Ca^{++}	(40,9)	15	13,5 mg/l
Mg^{++}	(32,7)	40	40 mg/l
Na^{+}		720	690 mg/l
K^{+}		13	20 mg/l
Cl^{-}	(170,4)	162	166 mg/l
SO_4^{--}	(297,6)	533	259 mg/l

Die in Klammern genannten Werte sind von LEGLER am 29. Nov. 1939 errechnet.

An Material standen folgende 12 Proben zur Verfügung: 1. (ohne nähere Angabe) und 2. Schlamm vom 21. 6. 1939 (leg. LEGLER), 3. Plankton, 12. 1956 (leg. LÖFFLER), 4. an Algen und 5. Bodenprobe, 29. 6. 1958 (leg. HÖFLER), 6.—8. Bodenproben aus dem Südteil, 9. ebenso aus dem Hauptteil, 29. 6. 1958, 10. Plankton, 11., 12. im Phragmitetum, 8. 11. 1958 (6—12 von mir selbst entnommen). Probe 3 enthielt nur vereinzelte Bruchstücke, Nr. 5 keine Diatomeen. Die übrigen 10 Proben enthielten folgende Formen:

Amphiprora paludosa
Amphora veneta
Anomoeoneis costata h
— serians var. brachysira
— sphaerophora sh
Anomoeoneis sphaerophora var. sculpta
Cymbella pusilla
Diploneis ovalis ss
Epithemia argus

Epithemia turgida
Eunotia lunaris ss
Hantzschia amphioxys
— spectabilis
— vivax
Melosira ambigua
Navicula cincta h
— cryptocephala
— gracilis
— halophila h
— oblonga
— rhynchocephala
Nitzschia amphioxoides
— communis zh
Nitzschia frustulum
— hungarica
— palea
— vitrea h
Pinnularia microstauron
— — var. Brebissonii
— viridis
Rhopalodia gibba
— gibberula sh
Scoliotropis peisonis
Stephanodiscus astraea ss
Surirella Höfleri zh
— peisonis h
Synedra pulchella

Hinsichtlich der Anzahl der Formen ist die Differenz gegenüber dem Oberen Stinker trotz des erheblich umfangreicheren Materials nur unwesentlich, da auch im Unteren Stinker nur 37 Formen festgestellt wurden. In der Zusammensetzung der Flora bestehen jedoch einige deutliche Unterschiede. Von den im Ob. Stinker gegebenen Formen wurden 14 nicht im Unteren, von den hier vorkommenden dagegen 17 nicht im Oberen Stinker gesehen. Bei selten vorkommenden oder nur allochthonen Arten spielt naturgemäß der Zufall eine nicht zu unterschätzende Rolle, und *Anomoeonis serians* var. *brachysira*, *Melosira ambigua*, *Stephanodiscus astraea* dürften im Unt. Stinker kaum autochthon sein. Auffällig ist aber z. B. das Fehlen von *Campylodiscus clypeus* und seiner var. im Unt. Stinker, obgleich er im Oberen als Massenform auftritt. Dasselbe ist mit *Nitzschia distinguenda* der Fall, während die im Unteren häufige *Surirella Höfleri* im Oberen bislang nicht beobachtet wurde. Es ist anzunehmen, daß die Differenzen bei weiteren Untersuchungen zum Teil verschwinden, ebenso können aber neue auftreten, für die mehr oder weniger die synökologischen Unterschiede der beiden Lacken die Ursachen sein dürften. Im Unteren Stinker sind SBV und Leitvermögen beträchtlich geringer, und der Anteil von $Ca^{++} + Mg^{++}$ an der Summe der Kationen ist von 1,8% im Oberen auf 7% im Unt. Stinker angestiegen.

37. Obere Silberlacke.

Chemische Daten nur vom Dezember 1956:

Leitvermögen ($\varkappa \cdot 10^{-6}$)	2330	Na^{+}	576 mg/l
Alkalinität (mval SBV)	14,20	K^{+}	27 mg/l
Ca^{++}	5,0 mg/l	Cl^{-}	301 mg/l
Mg^{++}	63 mg/l	SO_4^{--}	404 mg/l

Es liegt nur eine Probe vor (leg. LÖFFLER, 12. 1956), die ich, entgegen meinen Ausführungen in der Einleitung, nur deshalb hier herangezogen habe, weil auch die Untere Silberlacke hier behandelt wird (vgl. Nr. 38). Sie enthielt nur wenige Individuen, die folgende Formen betreffen:

Amphora subcapitata
Anomoeoneis costata
— sphaerophora
— — var. sculpta
Cymbella pusilla
Epithemia argus
Navicula oblonga
Nitzschia hungarica
Pinnularia microstauron var. Brebissonii
Rhopalodia gibberula
Synedra pulchella

Es ist selbstverständlich, daß aus dieser einen Probe keine weiteren Schlüsse gezogen werden können, aber die gefundenen Arten fügen sich in den Rahmen der übrigen Lacken. Als häufigste Form tritt *Pinnularia microstauron* var. *Brebissonii* auf, die auch in der Unteren Silberlacke verbreitet ist.

38. Untere Silberlacke.

Chemische Daten	Dez. 1956	Nov. 1958
Leitvermögen ($\varkappa \cdot 10^{-6}$)	5540	8540
Alkalinität (mval SBV)	32,20	43,80
Ca^{++}	4,5	7 mg/l
Mg^{++}	42,5	26 mg/l
Na^{+}	1458	2210 mg/l
K^{+}	49	68 mg/l
Cl^{-}	830	1168 mg/l
SO_4^{--}	618	1130 mg/l

Das Untersuchungsmaterial umfaßt 8 Proben: 1., 2. „Silberlacke", 6. 7. 1939 (leg. LEGLER, ohne Angabe, ob es sich um die Ob. oder Unt. Silberlacke handelt), 3., 4. aus dem Phragmitetum, 13. 12. 1939 (leg. LEGLER, ebenso ohne genauere Angabe), 5. Plankton, 12. 1956 (leg. LÖFFLER), 6. Plankton und 7., 8. Bodenproben, 8. 11. 1958, von mir entnommen. Von Nr. 2–4 lagen nur einige Präparate vor, Nr. 5 enthielt keine Diatomeen. In den übrigen Proben fanden sich folgende Formen:

Amphora coffeaeformis m
— ovalis
— veneta h
Anomoeoneis costata
— serians var. brachysira
Anomoeoneis sphaerophora h
— — var. sculpta
Caloneis silicula
Cyclotella Meneghiniana

Cymatoplaura solea
Cymbella cistula
— pusilla h
Epithemia turgida
— zebra
— — f. porcellus
Eunotia lunaris
Gomphonema acuminatum
— intricatum
Hantzschia amphioxys
— spectabilis
Mastogloia Smithii
Navicula bacilliformis
— cincta
— cryptocephala
— cuspidata h
— — var. ambigua
Navicula halophila h
— pupula
— — var. rectangularis
— radiosa
Nitzschia acicularis
— frustulum
— linearis
— tryblionella
— vitrea
Pinnularia microst. var. Brebissonii
— viridis
Rhopalodia gibba
Scoliotropis peisonis
Surirella peisonis
Synedra pulchella
— tabulata

Damit sind aus der Unt. Silberlacke 42 Formen bekannt, unter denen aber folgende in der Ob. Silberlacke beobachteten Arten fehlen: *Amphora subcapitata*, *Epithemia argus*, *Navicula oblonga*, *Nitzschia hungarica* und *Rhopalodia gibberula*. Wie bei den beiden Stinkern dürfte auch hier wenigstens für einige Arten (z. B. *Epithemia argus*, *Navicula oblonga*, *Rhopalodia gibberula*) die Ursache im verschiedenen Chemismus der beiden Lacken zu suchen sein. Der Anteil von $Ca^{++} + Mg^{++}$ an der Summe der Kationen beträgt in der Oberen Silberlacke 10,1%, in der Unteren nur 3%, während der Anteil an Na^{+} von 85,8 auf 93,8% steigt, so daß insbesondere kalzibionte Formen an dem Ausfall beteiligt sind. Dagegen überwiegen in der Unt. Silberlacke die Halophyten, die außer in NaCl-Gewässern auch für Soda- und Glaubersalzlacken charakteristisch sind, wie *Amphora coffeaeformis*, *A. veneta*, *Anomoeoneis*-Arten, *Cymbella pusilla*, *Navicula halophila*, die vielfach auch von *Scoliotropis peisonis* und *Surirella peisonis* begleitet werden. Ich habe schon darauf hingewiesen, daß die eine aus der Ob. Silberlacke vorliegende Probe keine Schlüsse zuläßt und manche der für die Unt. Silberlacke festgestellten Arten bei weiteren Untersuchungen auch noch in der Oberen gefunden werden dürften. Umgekehrt liegt die Sache aber anders, denn aus der Unt. Silberlacke lagen immerhin 8 Proben vor, so daß die Abwesenheit der oben genannten Arten schon eine gewisse positive Bedeutung hat.

39. Unterer Albersee.

Chemische Daten	Dez. 1956	Nov. 1958
Leitvermögen ($\varkappa \cdot 10^{-6}$)	5360	9500
Alkalinität (mval SBV)	20,20	33,48
Ca^{++}	4,5	6 mg/l
Mg^{++}	29,5	27 mg/l
Na^{+}	1360	2345 mg/l
K^{+}	65	109 mg/l
Cl^{-}	870	1496 mg/l
SO_4^{--}	902	1520 mg/l

Es standen 5 Proben zur Verfügung: 1. Plankton vom 12. 1956 (leg. LÖFFLER), 2., 3. Bodenproben, 29. 6. 1958 (leg. HÖFLER, HUSTEDT), 4., 5. Plankton und Flocken vom Boden, 8. 11. 1958, von mir gesammelt. Nr. 1 enthielt keine Diatomeen, im übrigen Material wurden folgende Formen beobachtet:

Amphora coffeaeformis m
— subcapitata
Anomoeoneis costata
— sphaerophora h
Campylodiscus clypeus h
Cylindrotheca gracilis
Cymbella pusilla h
Hantzschia vivax
Navicula halophila
— oblonga
Nitzschia acicularis
— amphioxoides
Nitzschia diversa h
— frustulum
— hungarica
— obtusa
— vitrea
Pinnularia microst. var. Brebissonii
Rhopalodia gibberula
Scoliotropis peisonis
Stauroneis Legleri zh
— Wislouchii
Synedra pulchella

Die Zahl der Diatomeen ist mit 23 sehr gering, insbesondere wenn man berücksichtigt, daß 5 Proben vorlagen, die zu verschiedenen Zeiten gesammelt wurden. Wir haben auch im Albersee ziemlich extreme ökologische Verhältnisse, Sulfat, Chlorid, Natrium und hier auch Kalium sind mit beträchtlichen Werten vertreten, während Ca^{++} und Mg^{++} zusammen nur 2,3% der Kationen ausmachen. Die den Aspekt beherrschenden Formen sind daher wieder Mesohalobien, besonders *Amphora coffeaeformis* und *Campylodiscus clypeus* sowie einige weitere halophile Arten, *Anomoeoneis sphaerophora* und *Cymbella pusilla*. Aus dem Material wurden zwei neue Arten beschrieben, die bislang nur im Albersee gefunden wurden, *Nitzschia diversa* und *Stauroneis Legleri*.

40. Zicksee bei Illmitz.

Chemische Daten	Dez. 1956	Nov. 1958
Leitvermögen ($\varkappa \cdot 10^{-6}$)	2900	5660
Alkalinität (mval SBV)	14,40	31,40
Ca^{++}	3,5	11 mg/l
Mg^{++}	16,0	43 mg/l
Na^{+}	774	1450 mg/l
K^{+}	25	77 mg/l
Cl^{-}	365	634 mg/l
SO_4^{--}	528	950 mg/l

An Material lagen folgende 6 Proben vor: 1. Plankton vom 12. 1956 (leg. LÖFFLER), 2., 3. Bodenproben, 29. 6. 1958 (leg. HÖFLER HUSTEDT), 4. Plankton und 5., 6. Uferproben, 7. 11. 1958. Nr. 1 enthielt keine Diatomeen, im übrigen Material fanden sich folgende Formen:

Amphiprora paludosa
Amphora subcapitata
Anomoeoneis costata
— serians var. brachysira
— sphaerophora h
Cocconeis pediculus ss
— — var. perpusilla
— hungarica
— subtilioides
— vitrea h
Cymbella pusilla sh
Gomphonema parvulum
Hantzschia vivax
Meridion circulare
Navicula cincta
— cryptocephala
Navicula halophila sh
— mutica
Nitzschia amphioxoides
— apiculata
— communis
— fonticola h
— frustulum
Pinnularia microst. var. Brebissonii
Rhopalodia gibberula h
Scoliotropis peisonis
Stauroneis Wislouchii
Surirella Höfleri
— peisonis
Synedra pulchella

Von diesen 30 Formen sind rund zwei Drittel halophile bis mesohalobe Diatomeen, von denen besonders *Cymbella pusilla* und *Navicula halophila* den Aspekt bestimmen. Die für das Lackengebiet charakteristischen Arten sind durch *Amphora subcapitata*, die *Anomoeoneis*-Arten, *Hantzschia vivax*, *Nitzschia amphioxoides*, *N. vitrea*, *Scoliotropis peisonis*, *Surirella Höfleri* und *S. peisonis* vertreten. Aus der Tabelle über die chemischen Daten sind die starken Schwankungen ersichtlich, die wenigstens zum Teil für die geringe Artenzahl verantwortlich sind.

42. Oberer Schrändl.

Chemische Daten nur vom Dezember 1956:

Leitvermögen ($\varkappa \cdot 10^{-6}$)	1870	Na^+	540 mg/l
Alkalinität (mval SBV)	9,60	K^+	25 mg/l
Ca^{++}	5,0 mg/l (26,2)	Cl^-	208 mg/l (216,5)
Mg^{++}	9,0 mg/l (26,6)	SO_4^{--}	783 mg/l (825,6)

Die in Klammern gegebenen Werte sind von LEGLER 1939 errechnet. Es wurden 3 Proben untersucht, die erste stammt von LEGLER und enthält aus Chlorophyceen ausgewaschenes Material vom 13. 12. 1939; 2. Plankton vom 12. 1956 (leg. LÖFFLER), 3. Bodenprobe vom 29. 6. 1958, selbst entnommen. Folgende Formen wurden gefunden:

Amphora veneta sh
Cyclotella Meneghiniana
— tenuistriata zh
Diatoma hiemale var. mesodon
Meridion circulare ss
Navicula halophila
Nitzschia austriaca zh
Nitzschia communis
— fonticola
— palea
— frustulum var. perpusilla
Surirella Höfleri
— ovata

Mit diesen 13 Formen gehört der Ob. Schrändl zu den artenärmsten Gewässern des untersuchten Gebietes. Die Dezemberprobe von 1956 enthielt außer einigen Schalen von *Surirella ovata* keine Diatomeen, von dem Chlorophyceen-Material lag mir nur ein (schlechtes) Präparat vor, in dem lediglich *Amphora veneta* als sehr häufig bemerkt wurde, so daß die in der Liste genannten Diatomeen fast ausschließlich der Bodenprobe entstammen. Als besonders bemerkenswerte Arten sind *Cyclotella tenuistriata* und *Nitzschia austriaca* zu erwähnen, während *Diatoma hiemale* var. *mesodon* und *Meridion circulare* sehr wahrscheinlich eingeschleppt sind.

43. Herrnsee.

Chemische Daten	Dez. 1956	Nov. 1958
Leitvermögen ($\varkappa \cdot 6^{-10}$)	6900	6770
Alkalinität (mval SBV)	17,80	26,0
Ca^{++}	20,0	28 mg/l
Mg^{++}	320	276 mg/l
Na^+	1458	1430 mg/l
K^+	31	39 mg/l
Cl^-	513	474 mg/l
SO_4^{--}	2840	2290 mg/l

Untersuchungsmaterial 4 Proben: 1. Plankton vom 12. 1956 (leg. LÖFFLER), 2. Plankton und 3., 4. im Phragmitetum, 7. 11. 1958 von mir entnommen. Im Gegensatz zu den meisten übrigen Lacken waren die meisten der nachstehend aufgezählten Arten auch in der Dezemberprobe 1956 enthalten. Insgesamt wurden beobachtet:

Amphiprora paludosa
Amphora commutata
— ovalis
— subcapitata h
Anomoeoneis costata h
— sphaerophora h
— — var. sculpta
Caloneis silicula
Campylodiscus clypeus h
Cymbella pusilla sh
Epithemia argus
— sorex
— zebra
Gyrosigma peisonis
Hantzschia spectabilis h
— vivax
Mastogloia Smithii h
Navicula cincta
— cuspidata
— — var. ambigua
— halophila h
— oblonga sh
— pygmaea zh
Nitzschia frustulum
— obtusa h
Pinnularia Kneuckeri
— microstauron
— — var. Brebissonii
Rhopalodia gibberula
Scoliotropis peisonis
Synedra pulchella

Auch in dieser Lacke ist die Zahl der Arten mit 31 sehr gering, zeigt aber eine auffallende Zusammensetzung, indem die häufigen, die Vegetation charakterisierenden Arten zum Teil dem halophilen bis mesohaloben Typus, zum Teil den calcibionten oligohaloben (indifferenten) Diatomeen angehören. Zur ersten Gruppe gehören z. B. *Amphora subcapitata*, die *Anomoeoneis*-Arten, *Campylodiscus clypeus*, *Cymbella pusilla*, *Nitzschia obtusa*, zur zweiten *Mastogloia Smithii*, *Navicula oblonga*. Das hängt mit den besonderen chemischen Verhältnissen zusammen, durch die der Herrnsee ausgezeichnet ist, neben einem hohen Gehalt an Sulfat, Natrium und Chlorid sind auch Kalzium und Magnesium reichlich vorhanden,[1] so daß Ca^{++} und Mg^{++} zusammen noch 18,6% der Summe der Kationen ausmachen, eine Menge, die nur noch in den drei Na-ärmsten Lacken (8, 14, 44) übertroffen wird. Besonders zu bemerken ist auch die sehr geringe Beteiligung der Gattung *Nitzschia*, die nur durch zwei Arten vertreten ist.

43a. Herrnsee, anderer Teil.

Chemische Daten nur vom November 1958:

Leitvermögen ($\varkappa \cdot 6^{-10}$)	7500	Na^+	1610 mg/l
Alkalinität (mval SBV)	29,52	K^+	47 mg/l
Ca^{++}	27 mg/l	Cl^-	536 mg/l
Mg^{++}	296 mg/l	SO_4^{--}	2510 mg/l

An Material liegen nur drei Proben vom 11. 1958 vor, die ich gemeinsam mit Dr. LÖFFLER sammelte: 1. Plankton, 2. und 3. aus dem Phragmitetum an verschiedenen Stellen. Sie enthielten folgende Diatomeen:

Amphora commutata
— subcapitata
Anomoeoneis costata
— sphaerophora
Campylodiscus clypeus h
— — var. bicostatus
Cymbella pusilla sh
Gyrosigma peisonis
Navicula cuspidata var. ambigua
— halophila sh
— oblonga
— pygmaea
Nitzschia apiculata ss
— communis
— frustulum
— hungarica
— obtusa
— vitrea
Pinnularia microstauron var. Brebissonii
Rhopalodia gibberula
Scoliotropis peisonis
Stauroneis Wislouchii
Synedra pulchella sh
— ulna f. biceps

Die häufigsten Formen dieser 24 Arten stellen auch die häufigen Diatomeen in 43, ausgenommen *Synedra pulchella*, die dort weniger häufig war. Auffällig erscheint in 43a die Abwesenheit der *Epithemia*- und *Hantzschia*-Arten sowie die stärkere Beteiligung der Gattung *Nitzschia*. Ob das nur Zufall oder eine konstante Erscheinung ist, kann nur durch weitere Beobachtung entschieden werden. Die Summe der Erdalkalien ist auch in 43a sehr hoch, ebenso weicht der Cl^--Gehalt kaum von 43 ab. Die übrigen Ionenwerte liegen mir zur Zeit noch nicht vor.

44. Einsetzlacke (Krötenlacke bei FRANZ, HÖFLER, SCHERF und LEGLER).

Chemische Daten		Dez. 1956	Nov. 1958
Leitvermögen ($\varkappa \cdot 10^{-6}$)		6851	974
Alkalinität (mval SBV)		6,50	9,52
Ca^{++}	(39,9)	31,5	55 mg/l
Mg^{++}	(69,6)	57	69 mg/l
Na^+		81	92 mg/l
K^+		7	7 mg/l
Cl^-	(102,6)	25	37 mg/l
SO_4^{--}	(137,3)	132	102 mg/l

Die eingeklammerten Werte nach der Analyse LEGLERS vom 15. 6. 1939. Als Untersuchungsmaterial lagen insgesamt 15 Proben vor, davon allerdings 10 nur in mehr oder weniger brauchbaren Präparaten. Nr. 1–12 umfassen das von LEGLER im Juni und Juli 1939 gesammelte Material, vorwiegend aus dem Phragmitetum, ferner aus dem Scirpetum, der *Utricularia*-Zone, von *Triglochin*, aus *Cladophora* und Schlamm. Nr. 13 Plankton vom 12. 1956 (leg. Löffler), Nr. 14 Plankton und 15 aus Laubmoosen im Phragmitetum im November 1958. An Diatomeen wurden folgende Formen festgestellt:

Achnanthes lanceolata
— minutissima h
Amphiprora paludosa
Amphora commutata
— ovalis
— subcapitata h
— veneta h
Anomoeoneis costata s
— sphaerophora
— — var. sculpta
Caloneis bacillum
— silicula
Campylodiscus clypeus s
Cocconeis placentula sh
Cyclotella Meneghiniana
Cymbella aspera
— cistula
— naviculiformis
— pusilla m
Diatoma elongatum
Epithemia argus m
— turgida m
— — f. granulata
— zebra m
— — f. porcellus
Eunotia gracilis ss
— lunaris
Fragilaria capucina
Gomphonema acuminatum
— — f. Brebissonii
— constrictum
— intricatum
— longiceps var. montanum
— — var. subclavatum
— parvulum
Hantzschia amphioxys
— — f. maior
— spectabilis h
— vivax

Mastogloia Smithii
Navicula cincta
— cryptocephala sh
— cuspidata
— — var. ambigua
— — var. Heribaudii
— halophila sh
— oblonga sh
— pupula
— — var. rectangularis
— radiosa h
— vulpina
Nitzschia amphibia
— amphioxoides
— frustulum m
— — var. perpusilla
— hungarica h
— Legleri
— linearis
— obtusa s
— peisonis h
— vitrea
Pinnularia Kneuckeri
— microstauron var. Brebisonii
— subcapitata
— viridis h
Rhoicosphenia curvata
Rhopalodia gibba
— gibberula sh
Scoliotropis peisonis
Stauroneis Wislouchii
Surirella ovata
— peisonis
Synedra minuscula
— pulchella m
— tabulata m
— ulna m
— — f. biceps
— — f. danica

Die Liste umfaßt 78 Formen, und damit ist die Einsetzlacke das reichhaltigste der untersuchten Gewässer, aber trotzdem ist auch diese Zahl noch außerordentlich gering gegenüber den Verhältnissen in „normalen" Teichen und Seen. Sie enthält rund 50% aller in den untersuchten Lacken vorkommenden Diatomeen und unterscheidet sich damit wesentlich von den übrigen. Etwa $^1/_4$ der Formen tritt häufig bis massenhaft auf und bestimmt so den Aspekt der jeweiligen Assoziation. Zu diesen Massenformen gehören sowohl Halophyten als auch calciphile bzw. calcibionte Arten, von denen insbesondere *Epithemia argus* eine bedeutende Rolle in der Aufwuchsflora spielt. Unter den Halophyten finden wir sowohl Vertreter der „Kochsalzflora" (z. B. *Synedra pulchella* und *S. tabulata*) wie der Soda- und Glaubersalzgewässer (z. B. *Nitzschia peisonis*, *N. vitrea*, *Scoliotropis peisonis*, *Surirella peisonis*), so daß die Einsetzlacke eine Diatomeenvegetation beherbergt, wie man sie in dieser Zusammesetzung wohl nur selten findet. Die Ursache liegt naturgemäß im Chemismus, neben dem Reichtum an Ca^{++} und Mg^{++}, die zusammen rund 50% der Summe der Kationen ausmachen (Dez. 1956), sind auch Cl^- und SO_4^{--} noch in ausreichender, wenn auch schwankender Menge vorhanden, um euryhalinen Halophyten Vegetationsmöglichkeit zu geben.

56. Runde Lacke.

Chemische Daten vom November 1958:

Leitvermögen	4840	Na^+	1334 mg/l (2417,7)
Alkalinität (mval SBV)	35,20	K^+	35 mg/l
Ca^{++}	8 mg/l (101,6)	Cl^-	304 mg/l (643,0)
Mg^{++}	13 mg/l (32,6)	SO_4^{--}	796 mg/l (628,8)

Die eingeklammerten Werte sind von LEGLER in Proben vom 31. 7. 1939 gefunden, sie weichen von den Novemberwerten 1958 erheblich ab (LÖFFLER weist allerdings darauf hin, daß die Differenz auf methodische Ursachen zurückzuführen sein dürfte, obgleich eine mehr oder weniger große Differenz zwischen Sommer- und Winterwerten natürlich vorhanden ist). An Material liegen 4 Proben vor, 1. vom 6. 7. 1939 ohne nähere Angabe (leg. LEGLER), 2., 3. Algenwatten und 4. Plankton vom November 1958. Sie enthielten folgende Diatomeen:

Amphiprora paludosa
Amphora coffeaeformis
— veneta sh
Anomoeoneis costata
— sphaerophora h
Cocconeis placentula ss
Cymbella pusilla
Epithemia turgida f. granulata
— zebra f. porcellus
Navicula cincta
— cryptocephala
— gracilis

Navicula halophila h
— seminulum
Nitzschia amphibia
— amphioxoides
— austriaca
— communis h
— frustulum
— hungarica
— romana h
Nitzschia sigmoidea h
— vitrea
Pinnularia microstauron var. Brebissonii
Rhoicosphenia curvata
Rhopalodia gibberula sh
Surirella Höfleri h
— peisonis

Die Artenzahl beträgt somit nur 28 und ist wieder sehr gering. Zu den häufigen Formen gehören auch hier sowohl halophile Diatomeen von weiterer Verbreitung (*Amphora veneta*, *Anomoeoneis sphaerophora*, *Navicula halophila*), Leitformen des Lackengebiets (*Surirella Höfleri*) als auch oligohalobe indifferente Arten, besonders der Gattung *Nitzschia* (*N. communis*, *N. romana*, *N. sigmoidea*).

57. Krautinglacke.

Auf Vorschlag von Herrn Dr. Löffler bezeichne ich auch dieses Gewässer als „Lacke“, da diese Form angebrachter sein dürfte als „See“.

Chemische Daten vom November 1958:

Leitvermögen ($\times 10^{-6}$)		2954	Na^+	1104 mg/l
Alkalinität (mval SBV)		28,60	K^+	44 mg/l
Ca^{++}	(30,8)	10 mg/l	Cl^-	102 mg/l (4560,0)
Mg^{++}	(261,7)	52 mg/l	SO_4^{--}	621 mg/l (1036,8)

Die eingeklammerten Werte stellen den Zustand vom 31. 7. 1939 nach Legler dar, die von ihm gegebenen Winterwerte sind außer Kalzium ebenfalls wesentlich niedriger (13. 12. 1939: Ca^{++} = 38,0; Mg^{++} = 57,4; Cl^- = 234,3; SO_4^{--} = 548,8 mg/l). Für die Untersuchung standen 5 Proben zur Verfügung. Nr. 1, 2 ohne nähere Angabe, nur einige Präparate Leglers vom 13. 12. 1939, Nr. 3 Plankton und Nr. 4, 5 Algenwatten vom November 1958. Folgende Diatomeen wurden gefunden:

Amphora coffeaeformis m
— veneta h
— subcapitata
Anomoeoneis costata
— sphaerophora
— — var. sculpta
Campylodiscus clypeus
Cymbella pusilla sh
Hantzschia amphioxys
Navicula cincta
— cuspidata var. ambigua
— halophila h
— oblonga
Nitzschia amphibia
— amphioxoides
— communis

Nitzschia frustulum h
— hungarica
— obtusa
— romana
Pinnularia microstauron. var. Brebissonii
Rhopalodia gibberula
Surirella Höfleri s
— peisonis
Synedra pulchella

Die Liste umfaßt nur 23 Formen, unter denen *Amphora coffeaeformis*, *A. veneta*, *Cymbella pusilla*, *Nav. halophila* und *Nitzschia frustulum* den wesentlichsten Anteil stellen, in erster Linie also Halophyten. Die beiden Aufsammlungen von 1939 enthalten fast nur *Amphora*, die eine *A. coffeaeformis* fast als „Reinmaterial", die andere *A. veneta*. Die Planktonprobe vom Nov. 1958 enthält fast nichts, so daß die aufgezählten Arten im wesentlichen in den Algenwatten festgestellt wurden.

58. Heidlacke.

Chemische Daten erst nachträglich erhalten und nicht mehr ausgewertet, von LEGLER wurde diese Lacke nicht berücksichtigt.

November 1958:

Leitvermögen	2945	Na^+	693 mg/l
Alkalinität (mval SBV)	26,2	K^+	7 mg/l
Ca^{++}	13,5 mg/l	Cl^-	? mg/l
Mg^{++}	37 mg/l	SO_4^{--}	235 mg/l

An Material liegen drei Proben vom November 1958 vor, die ich gemeinsam mit Dr. LÖFFLER entnommen habe, eine Planktonprobe und zwei mit Algenwatten aus der *Juncus*-Zone. Sie enthielten folgende Diatomeen:

Amphiprora paludosa
Amphora veneta h
— subcapitata h
Anomoeoneis costata
— sphaerophora h
— — var. sculpta
Cymbella pusilla sh
Diatoma vulgare
Gomphonema parvulum
Hantzschia amphioxys
— spectabilis
Navicula cincta
— cryptocephala
— cuspidata var. Heribaudii
— halophila h
Nitzschia amphioxoides
— apiculata
— communis
— frustulum
— hungarica
— romana
— subtilioides h
— vitrea
Pinnularia microstauron var. Brebissonii
Rhopalodia gibba
— gibberula
Surirella Höfleri h
— peisonis
Synedra pulchella m

Unter den 29 Formen dieser Liste gehören die häufig auftretenden sämtlich zu den charakteristischen Diatomeen der Soda- und Glaubersalzlacken, und in mancher Beziehung besteht eine gewisse Ähnlichkeit mit der Flora der Runden Lacke. Auffallend ist eigentlich nur das massenhafte Vorkommen von *Synedra pulchella* in der Heidlacke, während sie in der Runden Lacke wenigstens vorläufig nicht beobachtet wurde.

II. Systematisch-autökologischer Teil.

Die Anordnung der Arten entspricht meiner Bearbeitung in den „Bacillariophyta“ (1930), so daß die Literaturzitate nur gegeben werden, wenn von der derzeitigen Nomenklatur abgewichen wird oder Formen in dem genannten Werk nicht erwähnt sind.

Centrales

Die zentrischen Diatomeen sind in den untersuchten Lacken äußerst wenig vertreten. Nur im Unteren Stinker (36) fand ich sehr selten *Melosira ambigua* (Grun.) O. Müll. und *Stephanodiscus astraea* (E.) Grun., in beiden Fällen dürfte es sich jedoch um ein allochthones, auf Verschleppung beruhendes Vorkommen handeln, so daß nur die folgende Gattung als autochthon für einige Lacken in Frage kommt.

Gatt. *Cyclotella* Kütz.

1. *C. ocellata* Pant. Sehr selten in der Szerdahelyer und Langen Lacke. Ob die Art hier autochthon oder nur verschleppt vorkommt, ist noch fraglich, es sei aber darauf hingewiesen, daß beide Lacken innerhalb der hier behandelten Gewässer unter den Kationen die relativ größte Menge an Ca^{++} und Mg^{++} aufweisen, die nur von der Einsetzlacke übertroffen wird. Im Dez. 1956 ergaben sich für die Szerdahelyer Lacke $Ca^{++} = 14{,}1\%$, $Mg^{++} = 30\%$, zusammen 44,1% der Summe der Kationen, für die Lange Lacke lauten die entsprechenden Werte 2,3 – 31,25 – 33,55%, während sie in den übrigen Gewässern mit Ausnahme der Einsetzlacke ($Ca^{++} + Mg^{++} = 50{,}1\%$) sehr wesentlich tiefer liegen.

2. *C. Meneghiniana* Kütz. Vereinzelt in den Lacken 8, 14, 19, 22, 38, 42, 44, wahrscheinlich aber weiter verbreitet, da sich aus diesen genannten Lacken keine begrenzenden Faktoren ergeben.

3. *C. tenuistriata* Hust., Bot. Not. 1952, S. 375, F. 32, 33. Vereinzelt im Oberen Schrändl (42) in einer Bodenprobe vom 29. 6. 1958. Die Art wurde ursprünglich im Gebiet des Lunzer Untersees und einem Altwasser der Isar beobachtet, neuerdings aber auch in einem Zufluß der Unterweser bei Bremen gefunden. Aus dem Vor-

kommen im Schrändl geht hervor, daß sie auch in Natrongewässern zu leben vermag. Ökologische Grenzwerte sind vorläufig nicht zu erkennen.

PENNALES.

Araphidineae.

Die Gruppe ist nur durch wenige, meistens vereinzelt und vielleicht nur allochthon auftretende Arten vertreten.

Gatt. *Diatoma* De Cand.

4. *D. vulgare* Bory. Nur sehr selten und wahrscheinlich nur verschleppt in der Heidlacke an Algenwatten zwischen *Juncus*.

5. *D. elongatum* Agardh. Einsetzlacke, im Scirpetum am 6. 7. 1939 (leg. LEGLER).

6. *D. hiemale* var. *mesodon* (E.) Grun. Oberer Schrändl und Ob. Halbjochlacke, in Bodenproben. Rheobiont und daher in den beiden Lacken kaum autochthon.

Gatt. *Meridion* Agardh.

7. *M. circulare* Ag. Zicksee bei Illmitz und Ob. Schrändl, sehr vereinzelt in litoralen Bodenproben.

Gatt. *Fragilaria* Lyngbye.

8. *Fr. capucina* Desm. Im Plankton der Einsetzlacke im Nov. 1958, selten. Ich habe schon darauf hingewiesen, daß der Anteil von Ca^{++} und Mg^{++} an der Zusammensetzung der Kationen hier recht groß ist, während Na^{+}, K^{+} sowie Cl^{-} und SO_4^{--} nur in geringen Werten vorkommen, und hier dürften auch die Ursachen für die geringe Verbreitung im Lackengebiet dieser sonst häufigen Art zu suchen sein.

9. *Fr. intermedia* Grun. Nur sehr vereinzelt in der Szerdahelyer Lacke.

10. *Fr. construens* (E.) Grun. Obere Halbjochlacke, selten und bei den ziemlich extremen ökologischen Verhältnissen dieser Lacke wohl nur allochthon.

var. *subsalina* Hust. Darscholacke, häufig im Plankton, besonders im Dez. 1956, weniger auch im Nov. 1958. Diese Varietät ist eine Charakterform schwach versalzener Gewässer und tritt in der Darscholacke in typischen Exemplaren auf.

Gatt. *Synedra* E.

11. *S. ulna* (Nitzsch) E. Häufig bis massenhaft in der Einsetzlacke (44), sonst nur vereinzelt in der Langen (14) und Fuchslochlacke (26). Außer der Art fanden sich die beiden folgenden Varianten:

— — f. *biceps* (Kütz.) v. Schönf. in Lacken 8, 21a, 43a und 44.

— — f. *danica* (Kütz.) Grun. in 21a und 44.

Die sonst allgemein verbreitete und fast überall häufige Art meidet die stärker versalzenen Gewässer und ist im Lackengebiet auf diejenigen Gewässer beschränkt, die den relativ höheren Prozentsatz an Ca^{++} und Mg^{++} innerhalb der Kationen aufweisen.

12. *S. capitata* E. Nur in der Szerdahelyer Lacke (8), also ebenfalls wie die vorhergehende Art bei relativ hohem $Ca^{++} + Mg^{++}$-Gehalt.

13. *S. minuscula* Grun. Szerdahelyer- und Einsetzlacke, selten. Für diese kleine Art gelten somit dieselben Bedingungen.

14. *S. tabulata* Kütz. Häufig bis massenhaft in der Einsetzlacke (44), ferner mehr oder weniger häufig in 8, 14, 19, 21a und 38. Während es sich bei den vorhergehenden 3 Arten um oligohalobe Süßwasserdiatomeen handelt, gehört *S. tabulata* zu den euryhalinen Halobien, deren Optimum im Meerwasser liegt. Im Lackengebiet zeigt sie eine ziemlich weite ökologische Valenz, wobei allerdings der Sulfatgehalt von $SO_4^{--} = 1000$ mg/l nach den bisherigen Beobachtungen nicht überschritten wird. Außerdem sind die Individuen durchweg zarter als im Meerwasser mit seinem höheren NaCl-Gehalt.

15. *S. pulchella* Kütz. ist im Gebiet die häufigste Art der Gattung und findet sich in den meisten Lacken: 8, 14, 19, 21a, 36, 37, 38, 39, 40, 43, 57, besonders häufig bis massenhaft im Herrnsee (43a!), in der Einsetzlacke (44) und in der Heidlacke (58). Gegenüber *S. tabulata* ist das Optimum im NaCl-Gehalt etwas in oligohaliner Richtung verschoben, und hinsichtlich SO_4^{--} werden wesentlich höhere Werte ertragen (im Herrnsee — 43! — 2840 mg/l), so daß sich daraus die weitere Verbreitung im Lackengebiet erklärt.

Rhaphidioidineae.

Die hierher gehörenden Diatomeen sind fast ausschließlich halophobe Arten und daher im Lackengebiet kaum vertreten.

Gatt. *Eunotia* E.

16. *Eun. lunaris* (E.) Grun. Sehr vereinzelt in 21a, 36, 38, etwas häufiger in 44 (Einsetzlacke).

17. *Eun. gracilis* (E.) Rabh. Sehr selten in der Hallabern- (21a) und Einsetzlacke (44).

Monorhaphidineae.

Gatt. *Cocconeis* E.

18. *C. pediculus* E. Sehr selten im Zicksee bei Illmitz.

19. *C. placentula* E. Vereinzelt in 8, 21a, 35, 56, aber sehr häufig in 44 (Einsetzlacke) mit ihrem hohen $Ca^{++} + Mg^{++}$-Gehalt, aber niedrigen Werten an Na^{+}, K^{+}, Cl^{-} und SO_4^{--}.

Gatt. *Achnanthes* Bory.

20. *A. minutissima* Kütz. Ziemlich häufig in der Einsetzlacke (44), sonst vereinzelt in 8 und 21a. Beschränkt auf Lacken mit relativ höheren $Ca^{++} + Mg^{++}$-Werten.

21. *A. linearis* W. Smith. Sehr vereinzelt in der Hallabernlacke (21a), ob die Art hier tatsächlich lebt oder nur verschleppt ist, muß durch weitere Untersuchungen entschieden werden.

22. *A. exigua* var. *heterovalvata* Krasske. Nur in der Darscholacke (22), sehr selten.

23. *A. lanceolata* Bréb. Vereinzelt in der Einsetzlacke (44). Es ist auffällig, daß auch diese kosmopolitische und fast überall häufige Art im Lackengebiet fast völlig zu fehlen scheint.

24. *A. flexella* var. *alpestris* Brun. Obere Halbjochlacke (25), sehr selten und wahrscheinlich nur verschleppt.

25. *A. coarctata* Bréb. In der Langen Lacke (14) vereinzelt im Plankton am 9. 11. 1958. Die Art gehört zu den aërophilen Diatomeen überrieselter Standorte, kann aber an entsprechenden Standorten im Litoral der Lacke vorkommen und ins Plankton verschleppt sein.

Gatt. *Rhoicosphenia* Grun.

26. *Rh. curvata* (Kütz.) Grun. Sehr vereinzelt in 14, 22, 44, 56, vorwiegend in Gewässern mit geringerem Sulfatgehalt.

Birhaphidineae.

Gatt. *Mastogloia* Thwaites.

27. *M. Smithii* Thwaites. Häufig in der Szerdahelyer Lacke (8), Hallabernlacke (21a) und dem Herrnsee (43!), ferner vereinzelt in 35, 38, 44. Das häufige Auftreten ist gebunden an die relativ höheren Werte von Ca^{++} und Mg^{++}. Dabei spielt es keine Rolle, ob — wie z. B. im baltischen Seengebiet — Ca überwiegt, oder — wie in den untersuchten Lacken — Mg in größerer Menge vorhanden ist.

Gatt. *Gyrosigma* Hass.

28. *G. acuminatum* (Kütz.) Rabh. Nur vereinzelt in der Szerdahelyer- (8) und Hallabernlacke (21a) mit geringen Cl^{-}-Werten, aber höherem Gehalt an Erdalkalien.

29. *G. peisonis* (Grun.) Hust. Die für den Neusiedler See charakteristische Art findet sich in den Lacken nur vereinzelt, und zwar in 14, 22, 43 und 43a. Die relativen Grenzwerte der Erdalkalien liegen

zwischen 10,2 und 33,55% der Summe der Kationen, im Herrnsee (43!) mit dem auffallend hohen Mg^{++} um 300 mg/l und hohen Sulfat von 2840 mg/l ist die Art jedoch selten. Ähnlich großen Schwankungen unterliegen auch die übrigen ökologischen Faktoren, so daß aus dem Vorkommen der Art in den erwähnten Lacken noch keine optimalen Lebensbedingungen abzuleiten sind.

Gatt. *Caloneis* Cleve.

30. *C. bacillum* (Grun.) Cleve. Sehr selten in der Hallabern- (21 a) und Einsetzlacke (44), beide Standorte mit geringem Cl^--Gehalt.

31. *C. silicula* (E.) Cleve. Etwas weiter verbreitet als die vorhergehende Art, in 8, 14, 21 a, 38, 43, 44, von denen insbesondere die Unt. Silberlacke (38) durch einen hohen Cl^--Gehalt ausgezeichnet ist (830–1168 mg/l), während die Erdalkalien hier nur 3% der Summe der Kationen ausmachen, bei den übrigen Standorten aber wesentlich höher liegen (18,6–50,1%). Außer der Art fand sich

f. *truncatula* Grun. Nur vereinzelt in der Hallabernlacke (21 a).

Gatt. *Neidium* Pfitz.

32. *N. iridis* (E.) Cleve. Szerdahelyer- (8) und Hallabernlacke (21 a), zerstreut.

Gatt. *Diploneis* E.

33. *D. ovalis* (Hilse) Cleve. Im Gebiet sehr selten: Hallabernlacke (21 a) und Unt. Stinker (36).

— — var. *oblongella* (Naeg.) Cleve. Nur in der Hallabernlacke, selten.

Gatt. *Stauroneis* E.

34. *St. anceps* E. Sehr selten und vielleicht nur verschleppt in der Hallabernlacke (21 a).

35. *St. Wislouchii* Poretzky et Anisimowa. Expl. d. lacs de l'U.R.S.S., 1933, fasc. 2, S. 51, T. 9, F. 3–5 (1933). Vereinzelt in der Langen Lacke (14), Darscholacke (22), im Albersee (39), Zicksee bei Illmitz (40), Herrnsee (43 a) und in der Einsetzlacke (44), außerdem in einem — hier nicht weiter behandelten — Salzgraben (Material Legler Nr. 5) beobachtet. Das Auffinden der Art in diesem Gebiet ist von besonderem Interesse, da sie bisher nur von den beiden folgenden Standorten bekannt war: Heilsalzgewässer des Kurortes Staraja Russa südlich von Leningrad und aus dem Tossun-nor in der Tsaidam-Steppe in Nordtibet. In ökologischer Beziehung decken sich also die neuen Fundorte im Burgenland mit den bisher bekannten Lokalitäten. Im Burgenland ergeben sich beträchtliche öko-

logische Schwankungen: Cl^- = 25–1496 mg/l, Na^+ = 81–1360 mg/l, SO_4^{--} = 132–902 mg/l, Anteil von Ca^{++} und Mg^{++} zusammen 2,3–50,1% der Summe der Kationen.

36. *St. Legleri* Hust., Kieselalg. 2 (im Druck). Ziemlich häufig an Flocken vom Boden des Albersees (39) im November 1958. Diese kleine Art steht der *St. Wislouchii* nahe, insbesondere deren forma *parva*, unterscheidet sich aber durch eine wesentlich gröbere Struktur, um die Mitte etwa 15–18 Transapikalstreifen in 10 μ, gegen die Enden allmählich dichter werdend, bis etwa 20 in 10 μ, während *St. Wislouchii* f. *parva* 24–27 Streifen in 10 μ besitzt. Die Stellung von *St. Legleri* ist nicht ganz zweifelsfrei, da die Zentralarea am Rande meistens kurze Transapikalstreifen zeigt. Die Schalen sind jedoch in transapikaler Richtung stark konvex, besitzen einen hohen Schalenmantel, in der Ansicht der quergestreiften Gürtelbandseite stimmt sie weitgehend mit *St. Gregorii* überein, und da auch diese Art sowie *St. Wislouchii* und noch andere *Stauroneis*-Arten ebenfalls zuweilen in der Zentralarea kurze Randstreifen zeigen, habe ich die Form in diese Gattung gestellt. Es ist kaum zu bezweifeln, daß sie mit den genannten Arten nahe verwandt ist.

Gatt. *Anomoeoneis* Pfitz.

37. *An. costata* (Kütz.) Hustedt, Kieselalg. 2 (im Druck). Diese Art wurde bisher in der Literatur als *An. polygramma* (E.) Cleve geführt, mit der *An. pannonica* (Grun.) identisch ist. Im Salzlackengebiet allgemein verbreitet, häufig in der Meierhoflacke (19), im Oberen und Unteren Stinker (35, 36) und im Herrnsee (43), bisher nicht gesehen in 8, 12, 14, 21a und 42. Aus der weiten Verbreitung ergibt sich eine beträchtliche ökologische Valenz hinsichtlich der schwankenden Ionenverhältnisse, ich weise aber darauf hin, daß sie in der Einsetzlacke mit ihrem hohen Gehalt an Ca^{++} und Mg^{++} und den niedrigen Werten an Na^+, Cl^- und SO_4^{--} nur selten auftritt, während das optimale Vorkommen (besonders auch hinsichtlich der Entwicklung der Individuen) im Unteren Stinker bei höherem Na^+, Cl^- und SO_4^{--} lag.

38. *An. sphaerophora* (Kütz.) Pfitz. Ebenfalls im Lackengebiet allgemein verbreitet und durchweg häufiger als die vorhergehende Art, besonders in der Darscholacke (22), Fuchslochlacke (26), im Ob. und Unt. Stinker (35, 36, zum Teil sehr häufig!), in der Unt. Silberlacke (38), Albersee (39), Zicksee bei Illmitz (40, sehr häufig!), Herrnsee (43), Runde Lacke (56) und Heidlacke (58), nur im Ob. Schrändl (42) bislang nicht gesehen. Hinsichtlich der Schwankungen der Ionenverhältnisse zeigt diese Art eine wesentlich weitere ökologische Valenz, und daraus erklärt sich auch das Vor-

kommen nicht nur in den Natrongewässern, sondern auch in fast reinem Süßwasser.

var. *sculpta* (E.) O. Müll. Wesentlich weniger häufig als die Art und vorläufig nur in folgenden der hier untersuchten Lacken beobachtet: 8, 22, 35, 36, 37, 38, 43, 44, 57, 58. Die Form ist innerhalb des Materials durch gleitende Übergänge mit der Art verbunden und spezifisch nicht zu trennen, während *An. costata* von dieser Gruppe konstant verschieden ist und als selbständige Art aufgefaßt werden muß. Dasselbe ließ sich auch an dem von LEGLER gesammelten Material feststellen, und es ist mir deshalb unverständlich, wenn LEGLER (1941, S. 66) betont, daß *An. sculpta* und *An. costata* (= *polygramma* und *pannonica*) weitgehend durch Übergänge verbunden zu sein scheinen, während *An. sphaerophora* von diesen Formen spezifisch deutlich zu unterscheiden sei. Bezüglich der Artcharaktere und Differenzen verweise ich auf HUSTEDT, Kieselalg. 2 (im Druck).

39. *An. serians* var. *brachysira* (Bréb.) Hust. Nur sehr vereinzelt im Unt. Stinker (36), in der Unt. Silberlacke (38) und im Zicksee bei Illmitz (40), vielleicht nur allochthon.

Gatt. *Navicula* Bory.

a) Naviculae orthostichae Cleve.

40. *N. cuspidata* Kütz. Häufig in der Silberlacke (LEGLER, 6. 7. 1939, ob Untere Lacke?), ferner mehr oder weniger vereinzelt in der Szerdahelyer Lacke (8), Langen Lacke (14), Hallabernlacke (21a), Einsetzlacke (44) und im Herrnsee (43), an allen Standorten auch mit Craticular-Stadien. Die Art gehört in bezug auf den Salzgehalt zu den indifferenten Diatomeen. Aus dem verbreiteten Auftreten einer Craticula ergibt sich, daß es von der Salzkonzentration an sich unabhängig ist, aber durch die Konzentrations-Schwankungen innerhalb der einzelnen Gewässer begünstigt wird.

var. *ambigua* (E.) Cleve. Mit der Art an denselben Standorten und meistens häufiger als diese, außerdem noch in folgenden Lacken gesehen: Meierhoflacke (19), Darscholacke (22), Herrnsee (43a), Krautinglacke (57), Heidlacke (58). In 8, 14, 19 und 57 trat sie ebenfalls mit Craticula auf.

var. *Héribaudii* Perag. ist die Folge der Craticularbildungen, müßte sich also an allen Standorten finden, an denen die Art oder var. *ambigua* mit Craticula gefunden wurde. Schalen dieser charakteristischen Mutante wurden vorläufig festgestellt unter der Art bzw. der var. *ambigua* in 14, 21a, 44, 58, außerdem isoliert im Oberen Stinker (35), so daß in diesem Gewässer auch die Art selbst vorkommen muß, aber in meinen Proben — wohl nur zufällig — nicht gesehen wurde.

41. *N. halophila* (Grun.) Cleve. Gehört zu den wichtigsten Charakterformen des Lackengebietes und wurde mit wenigen Ausnahmen in allen untersuchten Gewässern beobachtet. Häufig bis sehr häufig im Ob. und Unt. Stinker (35, 36), Unt. Silberlacke (38), Zicksee bei Illmitz (40), Herrnsee (43, 43a), Einsetzlacke (44), Runde Lacke (56), Heidlacke (58), außerdem mehr oder weniger vereinzelt (vielleicht nur zufällig!) in 8, 12, 14, 21a, 26, 39, 57. Die Häufigkeitsmaxima liegen also bei sehr verschiedenen Salzkonzentrationen und wechselnden Ionenverhältnissen, es ist aber nicht zu verkennen, daß sie in den Natronlacken des Burgenlandes weit häufiger ist als unter anderen Bedingungen.

Sie ist sehr variabel in den Größenverhältnissen und an manchen Standorten treten überwiegend formae *minores* auf, während an anderen die großen Individuen vorherrschen. Ob dabei ökologische Ursachen eine Rolle spielen oder nur die Dauer der Entwicklungsperiode ausschlaggebend ist, muß vorläufig dahingestellt bleiben, wahrscheinlich wirken beide Faktoren zusammen.

Von größerem Interesse ist die Tatsache, daß auch *N. halophila* mit Craticularbildungen und mutierten inneren Schalen auftritt, die aber von denselben Erscheinungen bei *N. cuspidata* in manchen Punkten abweichen (Fig. 1—4). Sie wurden beobachtet — soweit das hier behandelte Material in Frage kommt — in den beiden Stinkern, im Zicksee bei Illmitz und im Ob. Schrändl, also in einem ökologisch engeren Rahmen und durchschnittlich höherer Salzkonzentration als sich für das Vorkommen der Art ergibt. Bei *N. cuspidata* reichen die transapikalen Kieselrippen der Craticula von der apikal verlaufenden Mittelrippe bis an den Schalenrand, und die Enden sind wiederum durch eine hier entlang laufende Rippe, die von einem Schalenende bis zum andern reicht, fest untereinander verbunden, so daß die Craticula nur von allseitig umrandeten „Fenstern" durchbrochen ist. Ebenso reicht die Struktur der mutierten Schale, der var. *Héribaudii*, von der Axialarea bis zum Schalenrand. Bei *Navicula halophila* reichen dagegen die von der Mittelrippe ausgehenden Transapikalleisten nicht bis an den Schalenrand, sondern sie sind stark verkürzt und endigen etwas außerhalb der Mitte zwischen Rhaphe und Schalenrand. Ihre freien Enden sind also nicht durch eine dem Rande parallele Rippe untereinander verbunden, jedoch scheinen sie sich gegen die Mutterschale zu krümmen und sie mit den Enden zu berühren (Fig. 2, 3). Die mutierten inneren Schalen weichen hinsichtlich ihrer Struktur sehr erheblich von den Mutterschalen ab. Die Transapikalstreifen, die bei der Art senkrecht zur Rhaphe verlaufen, liegen auf den inneren Schalen radial und weiter voneinander entfernt (um 12 in 10 μ). Am auffälligsten ist

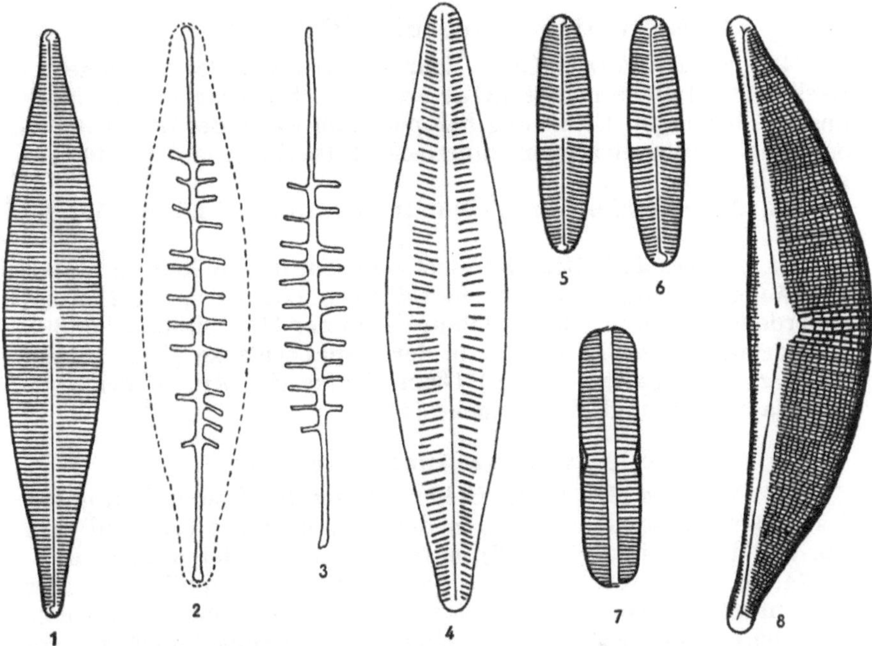

Fig. 1—4. *Navicula halophila.* 1 normale Schale, 2—3 Craticulargerüste, in 2 deutet die gestrichelte Linie den Umriß der Mutterschale an, 4 innere Schale. — Fig. 5—7. *Stauroneis Legleri* Hust. — Fig. 8. *Amphora subcapitata* (Kiss.) nov. comb. Vergr. 1300:1.

jedoch die Tatsache, daß sie nicht bis an den Schalenrand reichen, sondern nur in der von der Craticula überlagerten Zone ausgebildet sind. Die Rhaphe der inneren Schale ist voll entwickelt, so daß ganze Zellen, die nach dem Abstoßen der Mutterschalen und der beiden Craticulae verbleiben, sehr wahrscheinlich lebensfähig sind. Bislang habe ich keine isolierten vollständigen Zellen gesehen, sie müssen jedoch selbstverständlich vorkommen, wie es bei *N. cuspidata* var. *Héribaudii* tatsächlich der Fall ist, deren Entstehung ebenfalls auf Craticularbildungen zurückzuführen ist.

Eine weitere Verfolgung und längere Beobachtung, vielleicht auch mit Hilfe von Kulturen, dieser auffallenden Bildungen wäre eine dankbare Aufgabe, die bei der geringen Entfernung der Standorte von Wien aus nicht unmöglich sein sollte, daß dabei auch die cytologischen Vorgänge zu berücksichtigen sind, ist selbstverständlich.

b) Naviculae minusculae (Cl.) Hust. ampl.

42. *N. bacilliformis* Grun. Sehr vereinzelt in der Szerdahelyer Lacke (8), Hallabernlacke (21a) und Unt. Silberlacke (38). Nach unserer bisherigen Erfahrung halophob, ob sie in der durch hohen Salzgehalt ausgezeichneten Silberlacke tatsächlich lebt, dürfte unwahrscheinlich sein.

43. *N. seminulum* Grun. Nur in der Runden Lacke (56) gesehen.

44. *N. pupula* Kütz. Im Gebiet zerstreut und an keinem Standort häufig: besonders in den chloridarmen Lacken 8, 14, 21a, 44, außerdem — vermutlich verschleppt — in der Unt. Silberlacke (38).

forma *capitata* Hust. Nur in der Hallabernlacke (21a), selten.

var. *rectangularis* (Greg.) Grun. Unter der Art in der Unt. Silberlacke (38) und Einsetzlacke (44).

c) Naviculae lineolatae Cleve.

45. *N. cincta* (E.) Ralfs. Gehört zu den häufigsten Diatomeen des Gebiets, besonders häufig in der Meierhoflacke (19) und dem Ob. und Unt. Stinker (35, 36), außerdem mehr oder weniger in 8, 12, 14, 26, 38, 40, 43, 44, 56, 57, 58. Die Art ist halophil, zeigt aber hinsichtlich der Salzkonzentration wie auch der Ionenverhältnisse eine weite ökologische Valenz. Häufigkeitsmaxima finden wir bei höherem Anteil von Na^+ sowohl in Verbindung mit beträchtlichem Sulfatgehalt und niedriger Alkalinität als auch bei geringem Sulfatgehalt und hoher Alkalinität, während die Cl^--Werte in diesen Fällen 300 mg/l kaum übersteigen, in der allgemeinen Verbreitung aber von 25 bis etwa 1500 mg/l schwanken.

46. *N. cryptocephala* Kütz. Häufig in der Einsetzlacke (44), aber auch in den folgenden Lacken nicht selten: 8, 14, 19, 21a, 22, 36, 38, 40, 56, 58.

47. *N. dicephala* (E.) W. Smith. Nur sehr selten in der Hallabernlacke (21a).

48. *N. gracilis* Ehr. Im Unt. Stinker (36) und in der Runden Lacke (56), in beiden Fällen nur sehr vereinzelt.

49. *N. hungarica* Grun. Häufig in der Darscholacke (22), sonst vereinzelt in der Meierhoflacke (19) und im Ob. Stinker (35). Es ist bezeichnend, daß im Gebiet nur die Art vorkommt, während die im allgemeinen weit häufigere, aber besonders in „reinem" Süßwasser lebende f. *capitata* (E.) Cleve im Lackengebiet zu fehlen scheint, bisher jedenfalls von mir nicht gesehen wurde.

50. *N. oblonga* Kütz. Sehr häufig im Herrnsee (43) und in der Einsetzlacke (44), außerdem mehr oder weniger vereinzelt in 8, 21a, 22, 36, 37, 39, 43a, 57. Die Art ist also auch in weitem Maße gegen

Schwankungen des Salzgehaltes wie der Ionenverhältnisse unempfindlich. Das geht besonders aus dem sehr häufigen Vorkommen in den beiden ökologisch sehr differenten Lacken 43 und 44 hervor.

51. *N. radiosa* Kütz. Im Gebiet wenig verbreitet, häufig aber in der Hallabern- (21 a) und Einsetzlacke (44), außerdem vereinzelt in 8 und 38. Das Vorkommen beschränkt sich also im wesentlichen auf salzärmere, aber kalkreiche Lacken, in 21 a und 44 betrugen die Werte für Ca^{++} und Mg^{++}: 45 und 50 bzw. 31,5 und 57 mg/l.

52. *N. rhynchocephala* Kütz. Nur sehr selten im Unteren Stinker (36), vielleicht nur allochthon.

53. *N. subrhynchocephala* Hust., Foss. Diat. Tobasee S. 156, T. 1, F. 11. — Diat. Java, Bali, Sumatra S. 262, T. 18, F. 15. — Nicht selten in der Szerdahelyer- (8) und Hallabernlacke (21a). Die Art wurde zuerst aus dem Sundagebiet beschrieben, wurde aber inzwischen auch anderweitig beobachtet. Die Individuen aus dem Lackengebiet stimmen mit den Originalen völlig überein, die Schalenbreite erreicht 10 μ (in der ersten Diagnose werden 6–8 μ angegeben). Nach dem Vorkommen auf den Sundainseln habe ich die Art als mit Vorliebe alkalische Quellen bewohnend bezeichnet, dabei ist aber „alkalisch" besonders zu betonen. Sie fand sich mehrfach z. B. in den an Bicarbonaten reichen Quellen von Panjingahan auf Mittelsumatra, das deckt sich mit dem Vorkommen in den genannten Lacken, die an Ca^{++} und Mg^{++} beträchtliche Werte zeigen, in der Szerdahelyer Lacke beträgt der Anteil dieser beiden Elemente an der Summe der Kationen 44,1%, in der Hallabernlacke dürften die Verhältnisse ähnlich liegen (die Daten liegen mir noch nicht vor).

54. *N. tenella* Bréb. Nur in der Szerdahelyer Lacke (8), selten.

55. *N. vulpina* Kütz. Im Phragmitetum der Einsetzlacke (44) im Juni 1939 (leg. LEGLER) vereinzelt, sonst nicht gesehen.

d) Naviculae punctatae (Cl.) Hust. ampl.

56. *N. mutica* Kütz. Im Gebiet wenig verbreitet, nur zerstreut in 14, 22, 25, 40. Die Art ist gegen die Salzkonzentration in weiten Grenzen indifferent. Das geringe Vorkommen im Lackengebiet läßt aber darauf schließen, daß Natriumverbindungen in Form von Natriumcarbonat bzw. Natriumsulfat für die Entwicklung der Art wenig günstig sind.

e) Naviculae lyratae Cleve.

57. *N. pygmaea* Kütz. Häufig im Herrnsee (43), sonst mehr oder weniger vereinzelt in 8, 14, 19, 22, 43a.

Gatt. *Pinnularia* Ehr.

Die meisten Arten dieser Gattung sind halophob, so daß sich im Lackengebiet nur wenige Formen finden.

58. *P. Kneuckerii* Hustedt. Häufig in der Szerdahelyer Lacke (8), etwas weniger auch in der Hallabernlacke (21 a), dem Herrnsee (43) und der Einsetzlacke (44). Diese kleine Art wurde von mir aus dem Sinaigebiet und von Palästina beschrieben (HUSTEDT 1949, S. 50, T. 2, F. 22–32), die in den genannten Lacken vorkommenden Individuen entsprechen in ihrer Variationsbreite den Originalen. Sie steht, wie ich seinerzeit ausgeführt habe, der *P. globiceps* Greg. nahe, mehr noch der *P. Krockii* (Grun.) Hust., die von Cleve als var. zu *P. globiceps* gezogen wurde, aber nicht damit verbunden werden kann. Die afrikanischen wie auch burgenländischen Individuen weichen von *P. Krockii*, die mir sowohl aus der Soos bei Franzensbad (dem Originalstandort der Form) als auch von vielen anderen Lokalitäten vorliegt, in mehreren Punkten konstant ab. Sie sind wesentlich schlanker, im mittleren Teil wie auch an den Enden weniger stark aufgetrieben und haben fast durchweg eine zu einer mehr oder weniger breiten Querbinde erweiterte Zentralarea. Dieses letzte Merkmal ist bei den Pinnularien zwar von untergeordneter Bedeutung, aber die Formen weichen habituell doch so weit voneinander ab, daß man sie nicht identifizieren kann.

59. *P. microstauron* (E.) Cleve. Vereinzelt in der Meierhoflacke (19), dem Unt. Stinker (36) und dem Herrnsee (43). Viel häufiger ist die folgende Variante dieser Art.

var. *Brebissonii* (Kütz.) Hust. Im Lackengebiet allgemein verbreitet und fast stets mehr oder weniger häufig, besonders in der Ob. Silberlacke. In folgenden der hier behandelten Lacken bislang nicht gesehen: 12, 21 a, 25, 26, 42. Aus der Verbreitung ergibt sich die weite ökologische Valenz, durch die diese Form ausgezeichnet ist. LEGLER (1941, S. 68) möchte sie als halophil bezeichnen, dem aber die allgemeine Verbreitung widerspricht, da sie auch in praktisch salzfreien (bezogen auf Na-Verbindungen) Gewässern häufig vorkommt, so daß sie besser als indifferent charakterisiert wird. Die Individuen der Lacken gehören übrigens nicht, wie LEGLER (l. c.) glaubt, der forma *diminuta* Grun., sondern dem Typus der Varietät an. Die f. *diminuta*, die sich durch ihre sehr geringe Größe auszeichnet, fand ich nur vereinzelt in der Szerdahelyer Lacke (8).

60. *P. subcapitata* Greg. nur sehr selten in der Einsetzlacke (44).

61. *P. viridis* (Nitzsch) Ehr. Häufig an *Triglochin* im Juni 1939 in der Einsetzlacke (44), sonst zerstreut in 8, 19, 21 a, 36, 38. Salzindifferent, aber doch vorwiegend im Süßwasser verbreitet.

Gatt. *Scoliotropis* Cleve.

62. *Sc. peisonis* (Grun.) Hust., Ber. deutsch. bot. Ges. 53, S. 23 (1935). Im Lackengebiet verbreitet: 14, 19, 35, 36, 38, 39, 40, 43, 43a, 44. Ökologische Bedingungen sehr variabel, Erdalkalien von 1,8–50,1% der Summe der Kationen, $Na^+ = 45{,}9-96{,}1\%$, Sulfatgehalt schwankend von 132–2840 mg/l. In derselben Weise variieren auch die übrigen ökologischen Faktoren, wie Härte, Leitvermögen und Alkalinität, so daß der entscheidende Faktor für die im allgemeinen beschränkte Verbreitung der Art vorläufig nicht mit Sicherheit festzustellen ist, vielleicht handelt es sich um Magnesiumverbindungen.

Sie gehört zu den Charakterformen des Neusiedler Sees und wurde von Grunow in die Gattung *Scoliopleura* gestellt, muß aber auf Grund des anatomischen Baues der Zellwand mit den von Cleve abgetrennten *Scoliotropis*-Arten verbunden werden (Hustedt, l. c.).

Gatt. *Amphiprora* E.

63. *A. paludosa* W. Smith. Häufig in der Darscholacke (22), außerdem mehr oder weniger vereinzelt in 14, 21a, 36, 40, 43, 44, 56, 58. Halophile Art von kosmopolitischer Verbreitung, Entwicklung vielleicht durch Magnesiumverbindungen begünstigt, aber nicht daran gebunden.

Gatt. *Amphora* E.

64. *A. ovalis* Kütz. Vereinzelt in 8, 14, 19, 21a, 22, 25, 35, 38, 43 und besonders in der Einsetzlacke (44). Gehört zu den euryöken Diatomeen, die im Lackengebiet auch bei höherem Glauber- und Bittersalzgehalt lebt.

65. *A. commutata* Grun. Als mesohalobe Art besonders für Brackwassergebiete charakteristisch, in den Lacken vereinzelt in 19, 21a, 43, 43a und 44, also im Sulfatbereich von 132–2840 mg/l, wobei die obere Grenze von SO_4^{--} mit dem extrem hohen Mg^+-Gehalt von 320 mg/l verbunden ist.

66. *A. veneta* Kütz. ist die häufigste Art dieser Gattung im untersuchten Gebiet, besonders im Ob. Stinker (35), der Unt. Silberlacke (38), dem Ob. Schrändl (42), der Einsetzlacke (44), Runden Lacke (56, sehr häufig am 6. 7. 1939, leg. Legler!), Krautinglacke und Heidlacke, außerdem vereinzelt in 8, 12, 14, 19, 22, 36. Die Verbreitung entspricht der ziemlich weiten ökologischen Valenz, durch die diese halophile Art ausgezeichnet ist. Die Cl^--Werte, bei denen die Art häufig beobachtet wurde, schwanken von 25–1168 mg/l, die Sulfatwerte, soweit mir die Daten schon

vorliegen, von 132–783 mg/l, Na^+ = 81–1458 mg/l, Ca^{++} = 4,5 bis 31,5 mg/l, Mg^{++} = 9–57 mg/l. Die prozentuale Beteiligung von Ca^{++} + Mg^{++} an der Summe der Kationen schwankt von 1,8–50,1%.

67. *A. subcapitata* (Kisselew) nov. comb. Häufig im Herrnsee (43), in der Einsetzlacke (44) und Heidlacke (58), mehr vereinzelt in 22, 37, 39, 40, 43a und 57. Die Häufigkeitsmaxima liegen also auch bei dieser Form bei stark differenzierten ökologischen Werten, bei Cl^- = 25 und 513, SO_4^{--} = 132 und 2840 mg/l, um nur auf diese beiden Faktoren einzugehen.

KISSELEW (1932, S. 87, Fig. 22) beschrieb diese Form als *Amphora veneta* var. *subcapitata*, und eine weitgehende Ähnlichkeit zwischen beiden Arten ist nicht zu verkennen. KISSELEW weist bereits auf einige Differenzen hin, neben der durchschnittlich bedeutenderen Größe auch auf die gröbere Struktur, die Ausbildung einer schwachen Zentralarea an der Dorsalseite und die kaum dorsal abgebogenen Zentralporen der Rhaphe. Nach den mir vorliegenden zahlreichen Individuen aus dem Lackengebiet glaube ich, daß es sich um eine eigene Art handelt, die mit *A. veneta* eigentlich nur ein Merkmal gemein hat, nämlich die Tatsache, daß die mittleren Transapikalstreifen an der Dorsalseite entfernter stehen als die übrigen. Im übrigen sind aber die habituellen Unterschiede recht auffallend, *A. subcapitata* ist wesentlich robuster, die Dorsalseite der Schalen ist stärker konvex, so daß die Zellen in Gürtelbandansicht im mittleren Teil sehr breit und fast halbkugelig sind mit breit vorgezogenen Enden, während *A. veneta* im Umriß linearelliptisch ist und keine vorgezogenen Enden zeigt. Außerdem ist zu beachten, daß die Zentralporen bei *A. veneta* weit voneinander entfernt stehen, insbesondere bei den größeren Individuen. Das ist aber bei *A. subcapitata* nicht der Fall, obgleich es sich meistens um Individuen handelt, die an Größe die *A. veneta* übertreffen. KISSELEW hat dieses Merkmal nicht erwähnt, oblgeich die Eigentümlichkeit bei *A. veneta* nicht zu übersehen ist und in den Diagnosen auch genannt wird. Im Lackengebiet kommen beide Arten oft gemeinsam vor, zeigen aber keine Zwischenformen und sind ohne Schwierigkeit bei den Analysen zu trennen. KISSELEW fand die Form im Issik-kul, Turkestan, in der systematischen Übersicht über die von ihm festgestellten Arten wird aber *A. veneta* nicht erwähnt, während *subcapitata* an mehreren Stationen gefunden wurde, an denen der Cl^- = Gehalt von 0,0–1527 mg/l schwankte, so daß KISSELEW die Form als indifferent und euryhalin erklärt.

Im Lackengebiet gehört sie zweifellos zu den charakteristischen Arten und wurde im Albersee (39) auch mit „inneren Schalen" gefunden.

68. *A. coffeaeformis* Ag. Als Massenform in der Unt. Silberlacke (38) und im Albersee (39) auftretend, also in zwei Lacken, die einander in chemischer Beziehung nahe stehen, wie die folgende Übersicht zeigt:

	Dez. 1956		Nov. 1958	
	38	39	38	39
Leitvermögen	5540	5360	8540	9500
Härte (D°)	10,40	7,40		
Ca^{++} mg/l	4,5	4,5	7	6
Mg^{++} mg/l	42,5	29,5	26	27
Na^{+} mg/l	1458	1360		
K^{+} mg/l	49	65		
Cl^{-} mg/l	830	870	1168	1496
SBV mval	32,20	20,20	43,80	33,48
SO_4^{--} mg/l	618	902		

Sie ist außerdem häufig in der Ob. Halbjochlacke (25) und Fuchslochlacke (26), die ebenfalls beide durch beträchtliche Natrium- und Sulfatwerte, aber im Verhältnis zu den obengenannten Lacken geringeren Cl^--Gehalt ausgezeichnet sind. Mehr vereinzelt fand sich die Art auch in 8, 35, 56, 57. Legler (1941, S. 64) nimmt als untere Grenze des Vorkommens 100 mg/l Cl^- und 130 mg/l SO_4^{--} an. Das dürfte für häufiges Auftreten richtig sein, sonst lebt sie hier und da auch bei geringeren Chlorid- und Sulfatwerten (z. B. Szerdahelyer Lacke).

Gatt. *Cymbella* Agardh.

Die Arten dieser Gattung sind mit einer einzigen Ausnahme, der *C. pusilla*, in dem mir vorliegenden Material nur sehr vereinzelt vertreten. Sie sind fast durchweg oligohalob und daher in versalzenen Gewässern kaum von Bedeutung.

69. *C. microcephala* Grun. Nur in der Szerdahelyer Lacke (8).

70. *C. pusilla* Grun. dürfte die am weitesten verbreitete und zahlenmäßig häufigste Diatomee des untersuchten Gebietes sein. Sie wurde in 16 der in dieser Abhandlung behandelten Lacken gefunden, davon in 13 häufig bis massenhaft! In folgenden Lacken wurde sie bisher nicht beobachtet (vielleicht nur zufällig oder infolge geringer Probenzahl): 12, 21a, 25, 26, 42. Die von Legler (1941, S. 54) gemachten autökologischen Ausführungen decken sich weder mit meinen früheren Beobachtungen noch mit den Verhältnissen im Lackengebiet. Er betont, daß die Art überall an Standorten mit 100–200 mg/l Chloriden recht häufig ist, aber durch Chloridmengen über 500 mg/l in ihrer Entwicklung sichtlich

gehemmt wird. Die tatsächlichen Verhältnisse ergeben sich aus folgender Übersicht:

Standort	Cl^- mg/l	Häufigkeitsgrad
Szerdahelyer Lacke	21 und 32	häufig
Einsetzlacke	25 und 37	sehr häufig bis massenhaft!
Krautinglacke	102	sehr häufig
Unterer Stinker	162 und 166	sehr häufig
Oberer Stinker	234	sehr häufig
Meierhoflacke	299 und 317	sehr häufig
Zicksee b. Illmitz	365 und 634	sehr häufig
Herrnsee (43)	474 und 513	sehr häufig
Herrnsee (43a)	536	sehr häufig
Untere Silberlacke	830 und 1168	häufig
Albersee	870 und 1496	häufig

Die Art tritt also schon bei sehr geringem Cl^--Gehalt als Massenform auf, eine Entwicklungsabnahme ist erst festzustellen, wenn sich der Chloridgehalt 1000 mg/l nähert, und der Grenzwert häufigen Vorkommens liegt noch wesentlich höher. In demselben Maße schwanken auch die übrigen ökologischen Faktoren, ohne daß sich eine Parallelität mit der Cl^--Reihe feststellen läßt, da neben den Chloridverbindungen auch die Sulfate eine wesentliche Rolle spielen, und insbesondere ein mehr oder weniger erheblicher Anteil des Na^+ im Glaubersalz gebunden ist. Aber auch in den sulfatreichen Lacken (39, 19, 43) tritt *C. pusilla* noch sehr häufig auf.

71. *C. naviculiformis* Auersw. Einsetzlacke (44), sehr selten.

72. *C. ventricosa* Kütz. Obere Halbjochlacke (25), wahrscheinlich nur verschleppt.

73. *C. obtusa* Greg. —HUSTEDT, Arch. f. Hydrobiol. 39, S. 138, F. 60–63 (1942). Szerdahelyer Lacke (8) und Hallabernlacke (21a), nicht selten. Beide Gewässer gehören zu den Lacken mit geringem Cl^+-Gehalt.

74. *C. tumidula* Grun. Vereinzelt in der Szerdahelyer (8) und Langen Lacke (14), ebenfalls bei geringem Chlorid- und Sulfatgehalt.

75. *C. affinis* Kütz. Szerdahelyer Lacke (8), nicht selten.

76. *C. cymbiformis* (Kütz.) VH. — HUSTEDT, Abh. Nat. Ver. Bremen, 34, S. 50, F. 13–16 (1955). Hallabernlacke (21a), vereinzelt und vielleicht nur eingeschleppt. Die Art ist, wie ich in der zitierten Arbeit dargelegt habe, vielfach mit *C. affinis* Kütz. verwechselt. Sie besitzt in der Zentralarea k e i n isoliertes Stigma.

77. *C. cistula* (Hempr.) Grun. Ziemlich häufig in der Darscholacke (22), vereinzelt ferner in 25, 35, 38, 44.

78. *C. lanceolata* (E.) VH. Nur in der Szerdahelyer Lacke (8), sehr selten.

79. *C. aspera* (E.) Cleve. Sehr zerstreut in der Hallabern- (21a) und Einsetzlacke (44).

Gatt. *Gomphonema* Agardh.

Die bei *Cymbella* gemachte einleitende Bemerkung über die Verbreitung der Arten trifft im allgemeinen auch für *Gomphonema* zu, und keine der nachfolgend erwähnten Arten tritt in den untersuchten Lacken in aspektbildender Häufigkeit auf.

80. *G. acuminatum* E. Zerstreut in 8, 21a, 38 und 44, mit Ausnahme von 38 (Unt. Silberlacke), also nur in den Cl^--armen Gewässern. Das Vorkommen in der Silberlacke mit einem Cl^- von 830 bzw. 1168 mg/l beruht sehr wahrscheinlich auf Verschleppung.

— — f. Brebissonii (Kütz.) Cleve mit der Art in 21a und 44.

81. *G. parvulum* (Kütz.) Grun. Als verbreitetste Art der Gattung in 8, 14, 19, 21a, 40, 44, 58, also ebenfalls vorwiegend in den Cl^--armen Lacken. Sie gehört zu den verhältnismäßig euryöken Arten, ob sie aber in den stärker versalzenen Tümpeln tatsächlich lebend vorkommt oder nur verschleppt ist, bedarf längerer Beobachtung.

82. *G. longiceps* var. *subclavata* Grun. Hallabern- (21a) und Einsetzlacke (44), selten.

— — var. *montana* (Schum.) Cleve. Nur in der Einsetzlacke (44), sehr selten.

83. *G. intricatum* Kütz. Ebenfalls nur sehr vereinzelt in der Einsetzlacke.

— — f. *pumila* Grun. In der Unt. Silberlacke (38), vermutlich allochthon.

84. *G. constrictum* E. Vereinzelt in 8, 21a und 44, also in Cl^--armen Lacken, hier aber wohl autochthon.

85. *G. olivaceum* (Lyngb.) Kütz. Lange Lacke (14) und Darscholacke (22), zerstreut. Diese Art ist die einzige halophile Art der im Gebiet beobachteten Formen der Gattung, es ist daher besonders auffällig, daß sie in den stärker versalzenen Lacken nicht beobachtet wurde.

Gatt. *Denticula* Kütz.

86. *D. tenuis* Kütz. Hallabern- (21a) und Ob. Halbjochlacke (25), sehr selten und wohl kaum autochthon.

Gatt. *Epithemia* Bréb.

87. *E. argus* Kütz. In der Einsetzlacke (44) fast immer häufig bis massenhaft auftretend, häufig ferner in der Szerdahelyer- (8) und Hallabernlacke (21a), mehr vereinzelt in 36, 37, 43. Das Optimum der Entwicklung liegt also im karbonatreichen Gewässer mit $Ca^{++} + Mg^{++} = 50,1\%$ der Summe der Kationen, die in 8 nur wenig geringer ist, nämlich 44,1%. Diese Beobachtung stimmt mit unseren früheren Ergebnissen über die Autökologie der Art durchaus überein. In den Cl^-- und SO_4^{--}-reicheren Lacken tritt sie nur vereinzelt (vielleicht nur verschleppt) auf oder fehlt hier gänzlich.

88. *E. zebra* (E.) Kütz. Massenhaft in Moosrasen am Rande von *Phragmites* in der Einsetzlacke (44) am 8. 11. 1958, sonst vereinzelt in der Unt. Silberlacke (38). Die typische Art ist im allgemeinen nicht sehr verbreitet bzw. häufig, vorherrschend ist im allgemeinen die folgende Variante.

— — f. *porcellus* (Kütz.) Grun. In der Einsetzlacke (44) mehr oder weniger häufig, ferner vereinzelt in 8, 38, 43, 56. Diese Form hat eine weitere ökologische Valenz als *E. argus*, in 38 steigen die Cl^--Werte bis 1168 mg/l (vielleicht auch mehr), während Ca^{++} und Mg^{++} prozentual nur geringe Werte zeigen.

89. *E. turgida* (E.) Kütz. Tritt in der Einsetzlacke (44) häufig und zuweilen als Massenform auf, außerdem vereinzelt in 8, 36, 38. Steht in ökologischer Beziehung der *E. zebra* nahe.

— — f. *granulata* (E.) Grun. Unter der Art in 44, außerdem in der Runden Lacke (56) beobachtet.

90. *E. sorex* Kütz. Bislang im Gebiet nur sehr vereinzelt gefunden: 8, 14, 21a, 22, 43.

Gatt. *Rhopalodia* O. Müll.

91. *Rh. gibba* (E.) O. Müll. Sehr häufig im Ob. Stinker (35), häufig in der Szerdahelyer- (8), Langen- (14) und Hallabernlacke (21a), außerdem in 22, 36, 38, 44, 58 beobachtet. $Cl^- = 21-234$ mg/l, Erdalkalien 1,8–50,1% der Summe der Kationen, $SO_4^{--} = 69$ bis 618 mg/l, in beiden Grenzwerten häufig.

— — f. *ventricosa* (E.) Grun. Mit der Art in der Darscholacke (22).

92. *Rh. gibberula* (E.) O. Müll. Gehört zu den am weitesten verbreiteten Diatomeen des Lackengebietes, in 17 der 21 untersuchten Gewässer beobachtet, vorläufig nicht gesehen in 8, 12, 38, 42. Häufigkeitsmaxima liegen in 36 (Unt. Stinker), 44 (Einsetzlacke), 56 (Runde Lacke), etwas weniger in 19 (Meierhoflacke), 26 (Fuchslochlacke) und 40 (Zicksee bei Illmitz). $Cl^- = 25$ bis 1496 mg/l mit Häufigkeitsmaxima bei 162–634 mg/l. Die öko-

logische Valenz ist also gegenüber der *Rh. gibba* beträchtlich in mesohaliner Richtung erweitert. Erdalkalien von 1,1–50,1% der Summe der Kationen mit einem häufigen Vorkommen bei 2,3 bis 50,1%, SO_4^{--} = 132–1000 mg/l, sehr häufig bei 132 und 533, häufig bei 495 und 1000 mg/l.

Gatt. *Cylindrotheca* Rabh.

93. *C. gracilis* (Bréb.) Grun. Vereinzelt in der Langen Lacke (14) und im Albersee (39), also bei beträchtlichen ökologischen Differenzen sowohl innerhalb der einzelnen Kationen als auch hinsichtlich Cl^- und SO_4^{--}. Das stimmt überein mit der weiten Verbreitung der Art im Mündungsgebiet mancher Flüsse vom Wattgebiet des Meeres sehr weit flußaufwärts bis in den oligohalinen Bereich oder in durch Abwässer verunreinigte Gewässer.

Gatt. *Hantzschia* Grun.

94. *H. amphioxys* (E.) Grun. Vereinzelt in 8, 14, 19, 36, 38, 44, 57, 58. Als euryöke Art von allgemeiner Verbreitung, aber in versalzenen Gewässern weniger häufig und vielfach nur allochthon.

— — f. *maior* Grun. Vereinzelt im Ob. Stinker (35) und ziemlich häufig in einer Probe (leg. LEGLER, 1939) ohne nähere Angabe aus der Einsetzlacke (44), zerstreut auch anderweitig unter der Art und bei den Analysen nicht besonders notiert.

95. *H. spectabilis* (E.) Hust. nov. comb. Diese Art gehört zu den charakteristischen Diatomeen des Lackengebiets und fällt in den Präparaten durch ihre grobe Struktur sowie durch die großen, mehr oder weniger um die Apikalachse tordierten Zellen auf. Häufig in der Hallabernlacke (21a), im Herrnsee (43) und in der Einsetzlacke (44), außerdem gesehen in 8, 35, 36, 38, 58. Sie gehört zu den Halophyten, erträgt aber bedeutende Schwankungen im Salzgehalt, in unserm Material Cl^- = 21–830 mg/l (häufig bei 35,5 und 513), Na^+ = 81–1458 mg/l (hier häufig!), SO_4^{--} = 69–2840 mg/l (hier noch häufig!).

Die Art wurde bisher als *Nitzschia spectabilis* (E.) Ralfs in die Gattung *Nitzschia* gestellt, sie gehört aber nach den — infolge der Torsion schwer erkennbaren! — Symmetrieverhältnissen der Zelle zur Gattung *Hantzschia*, nähere Ausführungen erfolgen an anderer Stelle.

96. *H. vivax* (W. Smith) Hust. nov. comb. Sie kommt vielfach mit der vorigen Art gemeinsam vor und gehört ebenfalls zu den charakteristischen Arten des Lackengebietes. Vorläufig beobachtet in 8, 22, 35, 36, 39, 40, 43, 44. Der autökologische Charakter entspricht weitgehend demjenigen der *H. spectabilis*, und das gemeinsame Vorkommen ist nicht auf die hier untersuchten

Gewässer beschränkt, sondern findet sich auch in anderen geographischen Gebieten.

Bezüglich der systematischen Stellung bemerke ich, daß auch diese Art auf Grund der Symmetrieverhältnisse in die Gattung *Hantzschia* zu stellen ist, weitere Ausführungen erfolgen wie bei der vorigen Art an anderer Stelle.

Gatt. *Nitzschia* Hass.

Die nitzschioiden Diatomeen, zu denen auch die beiden vorhergehenden Gattungen gehören, stellen im Lackengebiet wie in den meisten versalzenen Gewässern einen sehr wesentlichen Anteil der Mikroflora. Da sie in einer größeren Formenzahl vertreten sind, bringe ich sie hier in Sektionen gruppiert, um die verwandtschaftlichen Beziehungen besser hervortreten zu lassen.

Sect. *Tryblionellae* (W. Sm., Grun.) Hust. ampl.

97. *N. tryblionella* Hantzsch. Häufig in der Langen Lacke, sonst vereinzelt in 8, 22, 38. Euryhaliner Halophyt, im Gebiet bei $Cl^- = 21-1168$ mg/l, häufig nur bei Werten unter 100 mg/l, doch trifft diese Einschränkung nicht allgemein zu.

98. *N. levidensis* (W. Smith) Grun. Nur vereinzelt in der Darscholacke (22), $Cl^- = 85$ bzw. 98 mg/l.

99. *N. apiculata* (Greg.) Grun. Weiter verbreitet als die beiden vorhergehenden Arten und hinsichtlich der Individuenzahl durchschnittlich häufiger. Vorläufig beobachtet in 8, 14, 21a, 22, 40, 43a (sehr selten) und 58. $Cl^- = 21-536$ mg/l, jedoch erstreckt sich die ökologische Valenz in bezug auf den Salzgehalt weiter in mesohaliner Richtung als bei *N. tryblionella*.

100. *N. hungarica* Grun. gehört als halophile Art zu den im Lackengebiet verbreitetsten Diatomeen, gesehen in 8, 14, 19, 21a, 22, 35, 36, 37, 38, 39, 40, 43a, 44, 56, 57, 58, $Cl^- = 21-1496$ mg/l, jedoch in den meisten Fällen unter 500 mg/l, als häufig wurde sie nur in der Einsetzlacke (44) notiert (an *Triglochin*, 10. 6. 1939), der Cl^--Gehalt betrug nach LEGLER (1941, S. 57) um die Zeit 54 bis 130 mg/l. Der prozentuale Gehalt von $Ca^{++} + Mg^{+}$ variiert von 1,8–50,1% der Summe der Kationen, und zwar kommen auf $Ca^{++} = 3,5-70$ mg/l, auf $Mg^{++} = 13-296$ mg/l. Nach LEGLER (l. c.) betrug zur Zeit des Einsammelns der genannten Probe $Mg^{++} = 69-108$, $Ca^{++} = 39-70$ mg/l, während der Sulfatgehalt von 137–230 mg/l schwankte, an den oben aufgezählten Standorten aber von 69–1000 mg/l SO_4^{--} variiert. Nach dem hier behandelten Material liegt somit das Optimum bei geringem Gehalt an Cl^- und SO_4^{--}, aber höherem prozentualen Anteil von Ca^{++} und Mg^{++}.

Damit dürfte die von mir früher (HUSTEDT 1957, S. 341) gegebene autökologische Charakteristik übereinstimmen, nach der die Art als halophil bis β-mesohalob und alkaliphil bezeichnet wird.

101. *N. angustata* (W. Sm.) Grun. Nur vereinzelt in der Szerdahelyer Lacke (8) im Juni 1958, ökologische Daten an dem Tage nicht bestimmt, jedoch ist der Chloridgehalt der Lacke durchweg gering, während Ca^{++} und Mg^{++} höhere Werte erreichen.

Sect. *Dubiae* Grun.

102. *N. amphioxoides* nov. spec. Zellen in Gürtelbandansicht rechteckig mit abgerundeten Ecken, in der Mitte eingeschnürt, mit einigen Zwischenbändern, etwa 5–6 in 10 μ. Schalen linear mit in der Mitte eingezogenem Kielrand und keilförmig geschnäbelten, an den Polen kopfig gerundeten Enden, 75–100 μ lang, 6–7 μ breit. Kiel stark exzentrisch, in der Mitte eingesenkt, Kielpunkte 9–12 in 10 μ, die beiden mittleren etwas weiter voneinander entfernt. Transapikalstreifen kräftig, etwa 20 in 10 μ, deutlich punktiert, nicht durch eine Längsfalte unterbrochen oder abgeschwächt. Fig. 21.

Frustula in facie connectivali visa rectangularia media constricta angulisque rotundatis, copulis paucis circiter 5–6 in 10 μ. Valvae lineares margine carinali medio impressa, apicibus cuneatim rostratis capitatis, 75–100 μ longae, 6–7 μ latae. Carina valde excentrica punctis carinalibus 9–12 in 10 μ, mediis duobus paulo remotioribus. Striae transapicales validae, circiter 20 in 10 μ, distincte punctatae. Typ. in coll. HUSTEDT, Nr. W 410.

Diese ausgezeichnete Form gehört zu den charakteristischen Diatomeen des Lackengebiets, die bisher in folgenden 11 Lacken beobachtet wurde: 14, 21a, 22, 35, 36, 39, 40, 44, 56, 57, 58, in den meisten dieser Lacken mehr oder weniger häufig, besonders in der Darscholacke (22) und mit einem Häufigkeitsmaximum im Ob. Stinker (35) im Phragmitetum am 15. 6. 1939 (leg. LEGLER). Obgleich sich aus der Verbreitung eine gewisse Toleranz gegenüber den ökologischen Schwankungen ergibt, ist die Vorliebe der Art für Natrongewässer unverkennbar.

In bestimmter Lage haben die Schalen eine entfernte Ähnlichkeit mit *Hantzschia amphioxys*, die ganzen Zellen beweisen aber die eindeutige Zugehörigkeit zur Gattung *Nitzschia*. In den Proben ist gewöhnlich auch *Nitzschia hungarica* mehr oder weniger häufig, die sich in denselben Größenverhältnissen bewegt, so daß bei flüchtiger Beobachtung und ungünstiger Lage der Individuen eine Verwechslung möglich ist. *N. amphioxoides* unterscheidet sich aber außer durch die Umrißform durch die gleichmäßige Struktur der Schalenfläche, die nicht, wie bei *N. hungarica*, durch eine Längsfalte unterbrochen ist.

Die nächstverwandte Art dürfte *N. piscinarum* Hust. (1948, S. 47, F. 14, 15) sein, die sich aber durch eine viel zartere Punktierung der Transapikalstreifen und durchschnittlich breitere Kielpunkte unterscheidet. Die Kielpunkte sind bei ihr im allgemeinen breiter als die Röhrchen, während das Verhältnis bei *N. amphioxoides* umgekehrt ist. *N. piscinarum* ist übrigens bisher nur von einem Standort bekannt (Gartenbecken in Plön, Holstein), so daß über ihre Variationsbreite noch nichts gesagt werden kann. Nach der Schalenstruktur sind aber beide Arten verschieden.

Eine weitere ähnliche Form ist *N. Heufleriana* Grun., die sich aber durch erheblich schlankere Schalen, deren Kielrand in der Mitte nur sehr wenig eingesenkt ist, leicht unterscheidet, außerdem dürfte *N. Heufleriana* in ökologischer Beziehung abweichen, sie ist zwar, nach den bisherigen Standorten zu urteilen, alkaliphil bis alkalibiont, aber in bezug auf den Chloridgehalt halophob.

Sect. *Grunowiae* (Rabh.) Grun.

103. *N. denticula* Grun. Im Gebiet sehr selten und nur in der Szerdahelyer- (8) und Hallabernlacke (21 a) gesehen, also in chloridarmen, aber kalkreichen Gewässern mit 27 bzw. 45 mg/l Ca^{++} und 57 bzw. 50 mg/l Mg^{++}.

Sect. *Lineares* (Grun.) Hust. ampl.

104. *N. linearis* W. Smith. Nur sehr vereinzelt in der Hallabern- (21 a), Unt. Silber- (38) und Einsetzlacke (44).

105. *N. vitrea* Norm. Gehört, im Gegensatz zur vorigen Art, zu den typischen Vertretern der Diatomeen des Lackengebietes und ist als solche in den meisten untersuchten Gewässern vorhanden. Besonders häufig in der Meierhoflacke (19), dem Unt. Stinker (36), Zicksee bei Illmitz (40) und der Einsetzlacke (44). Außderdem gefunden in 12, 14, 21 a, 22, 26, 35, 38, 39, 43 a, 56 und 58. Die Art ist mesohalob und euryhalin, tolerant sowohl gegenüber Schwankungen der Salzkonzentration wie der Ionenverhältnisse und daher auch nicht auf Gebiete beschränkt, die vorzugsweise durch Sodagewässer charakterisiert sind.

Sect. *Lanceolatae* Grun.

106. *N. amphibia* Grun. Vereinzelt in 8, 21 a, 44, 56, 57, vorwiegend also in den chloridärmeren Lacken. Ihr Hauptverbreitungsgebiet liegt im Süßwasser.

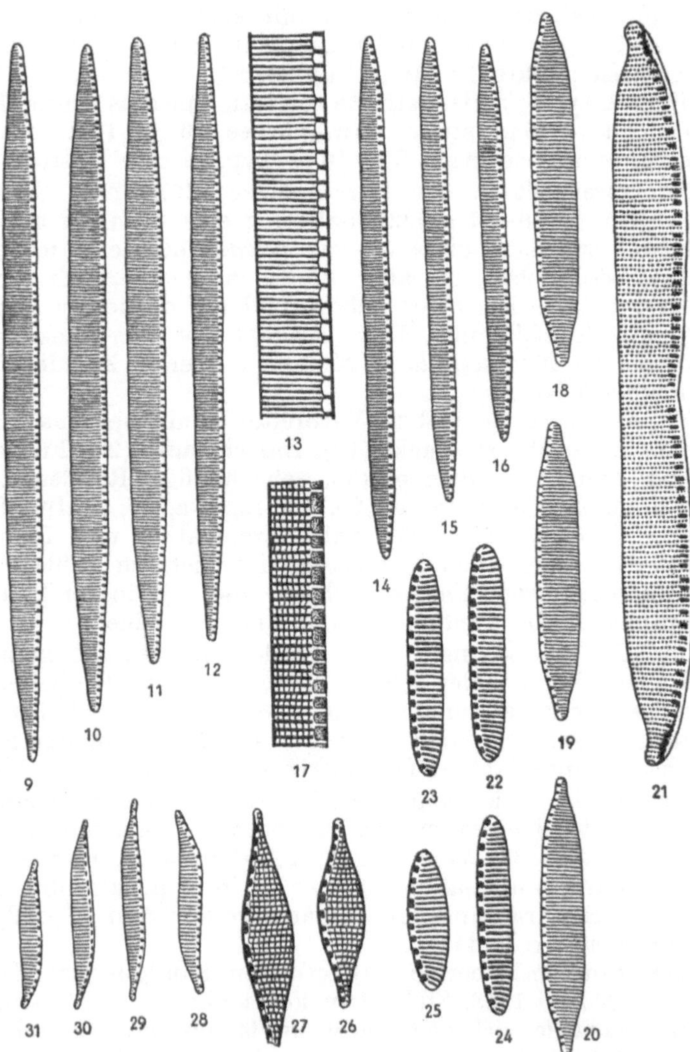

Fig. 9—13. *Nitzschia subtilioides* nov. spec. — Fig. 14—17. *N. diversa* nov. spec. — Fig. 18—20. *N. Legleri* nov. spec. — Fig. 21. *N. amphioxoides* nov. spec. — Fig. 22—25. *N. valdestriata* Al. et Hust. — Fig. 26, 27. *N. amphibia* f. *rostrata* n. f. — Fig. 28—31. *N. austriaca* nov. spec.

Vergr. 13 und 17 = 2600:1, sonst 1300:1.

forma *rostrata* n. f. Unterscheidet sich von der Art durch auffallend geschnäbelte Schalenenden mit spitz gerundeten Polen. Länge 19–15 μ, Breite 4–6 μ, Transapikalstreifen 16 in 10 μ, grob punktiert, Kielpunkte 8 in 10 μ. Fig. 26, 27.

Differt a typo valvis distincte rostratis apicibus acutis. Long. 19–25 μ, lat. 4–6 μ, striae transapicales 16 in 10 μ, distincte punctatae, puncta carinalia 8 in 10 μ. Typ. in coll. Hustedt.

Sehr vereinzelt in der Darscholacke (22). In A. SCHMIDT, Atlas, T. 348, F. 48–51 (1922), habe ich eine ebenfalls spitz geschnäbelte Form als *N. amphibia* var. *pelagica* aus dem Victoriasee, Ostafrika, beschrieben, die aber infolge ihrer wesentlich zarteren Struktur nicht zu dieser Art gehört und auf die ich bei anderer Gelegenheit zurückkomme. Die f. *rostrata* aus dem Lackengebiet nähert sich der *N. lancettula* O. Müll., die aber nicht mit unserer Form identisch ist.

107. *N. communis* Rabh. Verbreitet und meistens häufig, besonders in der Meierhoflacke (19), Darscholacke (22), Fuchslochlacke (26), dem Unt. Stinker (36, sehr häufig), Runden Lacke, außerdem gesehen in 8, 12, 14, 25, 40, 42, 43a, 57, 58. Indifferent gegenüber Schwankungen der Salzkonzentration und Ionenverhältnisse. Im allgemeinen handelt es sich hier um größere Individuen mit vorwiegend linearen Schalen, die z. B. in der Meierhoflacke optimale Lebensbedingungen zu finden scheinen.

108. *N. diversa* nov. spec. Zellen in Gürtelbandansicht schmal rechteckig. Schalen schmal linear mit parallelen Seiten und keilförmigen, spitz gerundeten Enden, 38–54 μ lang, 2,5–3 μ breit. Kiel stark exzentrisch, Kielpunkte um 12 in 10 μ, breiter als die Kanälchen. Transapikalstreifen kräftig, um 25 in 10 μ. Fig. 14—17.

Frustula in facie connectivali visa anguste rectangularia. Valvae anguste lineares marginibus parallelis, apicibus cuneatis acute rotundatis, 38–54 μ longae, 2,5–3 μ latae. Carina valde excentrica punctis carinalibus circiter 12 in 10 μ, latioribus quam canaliculi. Striae transapicales validae, circiter 25 in 10 μ. Typ. in coll. HUSTEDT, Nr. W 411.

Bislang nur im Albersee (39) gefunden, häufig in einer Bodenprobe am 29. Juni 1958. Steht dem Formenkreis von *N. frustulum* nahe, unterscheidet sich aber durch die langgestreckten, schmalen Schalen und die gröbere Struktur. Hinsichtlich der Form stimmt sie mit der tropischen *N. Ruttneri* Hust. (1937–39, Bd. 15, S. 477, T. 41, F. 13–16) überein, die aber kleiner ist und eine wesentlich zartere Struktur besitzt (32–35 Transapikalstreifen in 10 μ). Der autökologische Charakter ist nach diesem einzigen Standort vorläufig nicht festzustellen.

109. *N. fonticola* Grun. Häufig in der Fuchslochlacke (26) und im Zicksee bei Illmitz (40), außerdem nicht selten in der Meierhoflacke (19) und im Ob. Schrändl (42). Wahrscheinlich im Lackengebiet weiter verbreitet und zwischen der häufigeren *N. frustulum* übersehen.

110. *N. frustulum* (Kütz.) Grun. Gehört zu den am weitesten verbreiteten Arten des Lackengebiets. Sehr häufig bis massenhaft in einigen Proben aus der Einsetzlacke (44), häufig im Ob. Stinker (35) und in der Krautinglacke (57), außerdem mehr oder weniger in 8, 12, 19, 36, 39, 40, 43, 43a, 56, 58. Ökologisch indifferent gegenüber den Schwankungen der Salzkonzentration und der Ionenverhältnisse, aber halophil und alkaliphil.

var. *perpusilla* (Rabh.) Grun. Häufig in der Ob. Halbjochlacke (25), sonst vielfach unter der Art in 8, 14, 35, 40, 42, 44.

111. *N. jugiformis* Hust. Nicht selten in der Hallabernlacke (21a) und im Ob. Stinker (35), also an ökologisch recht verschiedenen Standorten. Die Art wurde von mir zuerst in Tibet beobachtet, später auch auf der Insel Oahu (Hawaii-Archipel), in Belgisch-Kongo und in Wadis und Oasen der Sinai-Halbinsel gefunden. Von Tibet und dem Sinaigebiet liegen mir keine chemischen Daten vor, die ökologischen Verhältnisse dürften aber in manchen Punkten mit den Verhältnissen im Lackengebiet übereinstimmen, so daß man die Art wohl als halophil bezeichnen darf.

112. *N. Legleri* nov. spec. Schalen breit linear mit parallelen Seiten und kurz geschnäbelten, an den Polen nicht kopfigen Enden, 24–38 μ lang, 4,5–5 μ breit. Kiel stark exzentrisch, Kielpunkte 11–13 in 10 μ, klein. Transapikalstreifen kräftig, 26 in 10 μ, Punktierung sehr zart. Fig. 18—20.

Valvae late lineares marginibus parallelis, apicibus brevirostratis non capitatis, 24–28 μ longae, 4,5–5 μ latae. Carina valde excentrica punctis carinalibus 11–13 in 10 μ, parvis. Striae transapicales validae 26 in 10 μ, delicatissime punctatae. Typ. in coll. HUSTEDT.

Nicht selten in der Szerdahelyer- (8), Langen- (14), Hallabern- (21a), Darscho- (22) und Einsetzlacke (44). Die Cl^--Werte dieser Lacken liegen sämtlich unter 100 mg/l, ebenso ist auch SO_4^{--} fast durchweg nur in geringer Menge vorhanden. Der Na^+-Gehalt erreicht nur in der Darscholacke (22) mit 496 mg/l einen höheren Wert, und entsprechend hoch ist auch die Alkalinität mit 19,70 mval, während sie im allgemeinen unter 10 liegt. Dagegen liegt Mg^{++} mit 50–95 mg/l bzw. 8,9–32,3% der Summe der Kationen stets über dem Durchschnitt. Die Art scheint also weniger indifferent gegenüber den Schwankungen der Salzkonzentration zu sein und die Gewässer geringerer Konzentration zu bevorzugen.

Sie unterscheidet sich von den zum Formenkreis von *N. frustulum* gehörenden Arten besonders durch die breiten Schalen, von einigen aus den Tropen beschriebenen Formen durch die gröbere Struktur, von anderen außerdem durch die Stellung der mittleren Kielpunkte bzw. Form der Schalenpole.

113. *N. ovalis* Arn. Nur vereinzelt in der Meierhoflacke (19). Die Formen stimmen überein mit den mir aus dem Küstengebiet der Nordsee vorliegenden Individuen und haben wie diese noch dichter stehende Kielpunkte als in den bisherigen Diagnosen angegeben wird, ihre Anzahl beläuft sich bis auf etwa 16 in 10 μ.

114. *N. palea* (Kütz.) W. Smith. Mehr oder weniger häufig in 8, 12, 14, 35, 36, 42.

115. *N. peisonis* Pantocsek, Bac. lac. Peisonis S. 36, T. 2, F. 118 (1912). Diese für den Neusiedler See charakteristische große Art fand ich in den bisher untersuchten Lacken nur in der Hallabern- (21 a) und Einsetzlacke (44), in beiden aber häufig! Beide Gewässer gehören zu den chloridarmen (Cl^- unter 50 mg/l), aber kalkreichen Lacken. Nähere Ausführungen über die Art gebe ich in meiner Arbeit über den Neusiedler See.

116. *N. romana* Grun. Nicht selten in folgenden Lacken: Meierhoflacke (19), Fuchslochlacke (26), Runde Lacke (56), Krautinglacke (57), Heidlacke (58). Die Chloridwerte dieser Lacken überschreiten kaum 300 mg/l, während bei den übrigen Elementen stärkere Schwankungen auftreten, gegenüber denen sich die Art als tolerant erweist.

117. *N. subtilioides* nov. spec. Schalen langgestreckt, linear mit parallelen Seiten und keilförmigen, an den Polen nicht oder nur sehr wenig kopfigen Enden, etwa 60–75 μ lang, 3–3,5 μ breit. Kiel stark exzentrisch, Kielpunkte klein, unregelmäßig gestellt, 10–15 in 10 μ. Transapikalstreifen sehr zart, etwa 36 in 10 μ. Fig. 9—13.

Valvae elongatae, lineares marginibus parallelis, apicibus cuneatis polis non vel lenissime capitatis, circiter 60–75 μ longae, 3–3,5 μ latae. Carina valde excentrica punctis carinalibus parvis irregulariter positis, 10–15 in 10 μ. Structura membranae delicatissima, striae transapicales circiter 36 in 10 μ. Typ. in Coll. HUSTEDT.

Häufig in der Szerdahelyer- (8) und Heidlacke (58), außerdem vereinzelt im Ob. Stinker (35) und im Zicksee bei Illmitz (40). Die Art lebt also unter beträchtlichen ökologischen Schwankungen, und ich vermute deshalb, daß sie im Lackengebiet noch weiter verbreitet ist, so daß ich auf ihre Autökologie erst nach Untersuchung der übrigen Gewässer eingehen will. *N. subtilis* (Kütz.) Grun., die nach meiner Ansicht immer noch eine recht problematische Art darstellt, unterscheidet sich durch ihre lanzettlichen Schalen und eine etwas gröbere Struktur. Die Transapikalstreifen der *N. subtilioides* sind nur unter günstigster Beleuchtung zu erkennen, im allgemeinen nur unter Anwendung schiefen Lichts.

118. *N. valdestriata* Al. et Hust., Botan. Not. 104, S. 19, F. 5 (1951). Nur im Ob. Stinker (35), hier sehr häufig zwischen *Phragmites* und *Aster* am 15. 6. 1939 (leg. LEGLER). Die Art gehört zu den aërischen Halophyten und wurde zuerst im Supralitoral an Kalkfelsen an der Südküste Englands, neuerdings in Moosrasen im Wasserniveau in der Hamme, einem Zufluß der Weser bei Bremen, außerdem auch im australisch-polynesischen Inselgebiet (noch unveröffentlicht) von mir gefunden, sie dürfte also von kosmopolitischer Verbreitung sein. Während von der englischen Südküste wie auch aus Nordwestdeutschland nur kleine Individuen vorliegen, die kaum die Länge von 12 μ überschreiten, ist die Variationsbreite im Material aus dem Ob. Stinker erheblich größer, die Länge betrug meistens um 20 μ, bis 22 μ wurde gemessen, so daß ich anfänglich glaubte, eine andere Art vor mir zu haben. Die kleinen Individuen entsprechen jedoch den bisher vorliegenden Funden, morphologische Differenzen sind auch bei den größeren Individuen aus dem jetzt vorliegenden neuen Standort nicht vorhanden, so daß an der Identität nicht zu zweifeln ist. Zum Vergleich bilde ich in Fig. 22—25 einige Exemplare aus dem Ob. Stinker ab.

J. B. PETERSEN (1930, S. 51, F. 9) beschrieb übrigens aus heißen Quellen in Pamir eine sehr ähnliche Form als *N. amphibia* var. *thermalis*, macht aber keine Angaben über die Punktierung der Transapikalstreifen. Es ist möglich, daß beide Formen identisch sind, aber in *N. valdestriata* liegt keine Variante der *N. amphibia*, sondern eine selbständige Spezies vor. Die Bezeichnung var. *thermalis* Pet. ist ohnehin nicht haltbar, da bereits GRUNOW eine andere Variante mit diesem Namen belegt hat (1862, S. 574), und als Speziesbezeichnung kommt *thermalis* wegen *Nitzschia thermalis* Kütz. nicht in Frage.

Sect. *Sigmoideae* (Grun.) Hust. ampl.

119. *N. austriaca* nov. spec. Zellen in Gürtelbandansicht schmal linear, Schalen sigmoid, linear-lanzettlich mit spitzen bis leicht kopfigen Enden, 12–22 μ lang, 1,8–2,4 μ breit. Kiel stark exzentrisch, Kielpunkte um 12 in 10 μ. Struktur deutlich, Transapikalstreifen um 26 in 10 μ. Fig. 28—31.

Frustula in facie connectivali visa anguste linearis, valvae sigmoideae, lineari-lanceolatae apicibus acutis vel subcapitatis,

12–22 μ longae, 1,8–2,4 μ latae. Carina valde excentrica punctis carinalibus circiter 12 in 10 μ. Structura distincta, striae transapicales circiter 26 in 10 μ. Typ. in coll. HUSTEDT, Nr.: W 412.

Mehr oder weniger häufig in der Mosado- (12), Darscho- (22), Fuchsloch- (26), Heidlacke (58) und im Ob. Schrändl (42, hier am besten entwickelt). Diese winzige, aber ausgeprägte Art ist die kleinste der mir bekannten Nitzschien mit sigmoider Apikalachse und für die Natronseen charakteristisch. Cl^- hält sich in geringen Werten, meistens weit unter 300 mg/l, dagegen ist der Na^+-Gehalt mit rund 500–1404 mg/l beträchtlich, und ihm entspricht die Alkalinität, die meistens erheblich über 10 mval (9,60–46,80) liegt. Die im Ob. Schrändl festgestellte beste Entwicklung der Art ist allerdings an die geringere Alkalinität (9,60), aber einen hohen Sulfatgehalt (SO_4^{--} = 783 mg/l) gebunden, ob hier der höhere Anteil an Glaubersalz (Na_2SO_4) entscheidend ist, dürfte sich durch weitere vergleichende Beobachtungen feststellen lassen. Es ist das deshalb bemerkenswert, weil in dieser Lacke nur sehr wenige Diatomeenarten gefunden wurden.

120. *N. sigmoidea* (E.) W. Smith. Häufig bis sehr häufig in der Szerdahelyer- (8) und Runden Lacke (56), vereinzelt auch in der Hallabernlacke (21 a).

121. *N. sigma* (Kütz.) W. Smith. Sehr zerstreut in der Szerdahelyer- (8), Langen (14) und Hallabernlacke (21 a). Diese sowohl im Moore wie in Salzgewässern des Binnenlandes allgemein verbreitete euryhaline Art findet sich im Lackengebiet, soweit die bisherigen Beobachtungen reichen, nur in einigen Gewässern mit niedrigem Cl^--Gehalt, geringer Alkalinität und geringem Leitvermögen, so daß die von NaCl abweichenden Natriumverbindungen vielleicht als begrenzende Faktoren in Frage kommen.

122. *N. obtusa* W. Smith. Häufig im Herrnsee (43), außerdem in 35, 39, 43a, 44 (sehr selten!) und 57. Im Gegensatz zur vorigen Art hier vorwiegend in Soda- und Glaubersalzgewässern.

Sect. *Nitzschiellae* (Rabh.) Grun.

123. *N. acicularis* W. Smith. Sehr selten und vielleicht nur verschleppt in 22, 38, 39.

Gatt. *Cymatopleura* W. Smith.

124. *C. solea* (Bréb.) W. Smith. Im Gebiet selten und bislang nur in den folgenden drei Lacken beobachtet: Szerdahelyerlacke (8), Hallabernlacke (21 a), Unt. Silberlacke (38). Die Lacken 8 und 21 a gehören zu den chloridarmen Gewässern mit geringer Alkalinität und niedrigem Leitvermögen, während 38 eine der salzreichsten Lacken mit hoher Alkalinität und hohem Leitvermögen darstellt.

Die Art ist vorwiegend in alkalischen Gewässern weit verbreitet, so daß die Alkalinität an sich kaum als ein die Verbreitung begrenzender Faktor in Frage kommt und vielleicht höhere Chlorid- und Sulfatverbindungen die Ursache des geringen Auftretens im Lackengebiet sind.

Gatt. *Surirella* Turp.

Die Gattung ist nur durch wenige, zum Teil aber charakteristische Formen vertreten, die sämtlich zu den Arten mit heteropoler Apikalachse gehören, während ich bislang keine isopole Art beobachtet habe.

125. *S. Höfleri* nov spec. Zellen mit heteropoler Apikalachse und mehr oder weniger stark um diese Achse gedreht. Schalen spitz eiförmig, mit breit gerundetem Kopfpol und spitzem, leicht vorgezogenem Fußpol, 15–40 μ lang, 13–22 μ breit, größte Breite dem Kopfpol genähert. Flügel kaum entwickelt, Flügelprojektion fehlt, Flügelkanäle um 5 in 10 μ. Schalenfläche mit einem meistens stark ausgeprägten Relief: Wellenberge und -täler nur in einer schmalen Randzone entwickelt, Berge breiter als die rippenartigen Einsenkungen, dann plötzlich eingeschnürt und rippenartig schmal gegen die Mittellinie verlaufend, während die anfänglich schmalen Einsenkungen entsprechend breiter sind. Ein ebenfalls spitz eiförmiges Mittelfeld ist mehr oder weniger transapikal gewellt, an der einen Seite der Mittellinie convex, an der anderen eingesenkt. Zellwand transapikal gestreift, Streifen kräftig, etwa 16–18 in 10 μ, radial. Fig. 32—34.

Frustula axi apicali heteropolari, circa hanc axim plus minusve torta. Valvae acute ovales apice superiore late rotundata, apice inferiore acuta subprotracta, 15–40 μ longae, 13–22 μ latae. Alae angustissimae canaliculis circiter 5 in 10 μ. Superficies valvarum zona marginali undulata angusta, area media anguste ovali transapicaliter undulata. Striae transapicales validae radiantes, circiter 16–18 in 10 μ. – Coll. Hustedt, Nr.: X, 688, 689.

Diese eigentümliche Art, die Herrn Prof. Dr. K. Höfler gewidmet sein möge, gehört zu den charakteristischen Diatomeen des Lackengebiets und wurde bisher in 10 der in dieser Abhandlung behandelten Lacken festgestellt. Häufig fand ich sie in einzelnen Proben aus folgenden Gewässern: Darscholacke (22), Fuchslochlacke (26), Unt. Stinker (36), Runde Lacke (56), Heidlacke (58), außerdem mehr oder weniger vereinzelt in 12, 25, 40, 42, 57. Nach den mir bisher vorliegenden Daten ergeben sich in ökologischer Beziehung folgende Schwankungen: $Ca^{++} = 7{,}5-22$, $Mg^{++} = 12-50$, $Na^{+} = 496-720$, $K^{+} = 9-13$, $Cl^{-} = 85-304$, $SO_4^{--} = 202-533$ mg/l, während die Alkalinität sich zwischen 19,70–46,80 mval SBV bewegt. Diese Angaben beziehen sich auf häufiges Vorkommen, bei Berücksichtigung der übrigen Standorte ergeben sich größere Schwankungen insbeondere in bezug auf Na^+ und SO_4^{--}, die z. B. in der Ob. Halbjochlacke (25) 2196 bzw. 939 mg/l betrugen, mit einer Alkalinität von 69,00 mval. Es dürfte aus diesen Beobachtungen hervorgehen, daß es sich bei *Surirella Höfleri* um eine Charakterform der Natrongewässer handelt.

Sie ist besonders durch die meistens sehr starke Torsion um die Apikalachse ausgezeichnet, die bei den übrigen kleinen Arten, die sich um *Surirella ovalis* gruppieren, nicht bekannt ist. In seiner ersten Arbeit über die Diatomeen des Ochridasees hat JURILJ (1950) von der Gattung *Surirella* auf Grund der Torsion der Zellen um die Apikalachse folgende neuen Gattungen abgetrennt: *Helissella*, *Iconella*, *Spirodiscus*, *Plagiodiscus* (non *Plagiodiscus* Grun. et Eulenst.!) und *Klinodiscus*. In einer zweiten Arbeit (JURILJ 1954) wurden die beiden erstgenannten Gattungen wieder eingezogen, die übrigen aber beibehalten, wobei der Name *Plagiodiscus* durch *Scoliodiscus* ersetzt wurde. Eine solche Systematik muß aber schon deshalb als verfehlt erscheinen, weil sie sich lediglich auf etwa 1 Dutzend Arten aus einem Gewässer gründet, und zwar ohne Kenntnis der übrigen Arten der Gattung. Die Gattung *Surirella* umfaßt heute mehr als 300 (!) bekannte Arten, und Torsionserscheinungen sind innerhalb der Gattung sehr verbreitet. Wir finden sie sowohl bei Süßwasserformen wie auch bei marinen Arten in allen möglichen Abstufungen, sowohl bei isopolen als auch bei heteropolen Arten, und es ist unmöglich, hier irgendwelche Grenzen hinsichtlich des Torsionsgrades ziehen und Gattungen abtrennen zu wollen, ganz abgesehen davon, daß alle Arten im Bau des Zellkörpers durchaus übereinstimmen. Ebenso abwegig wie die Aufteilung der Gattung sind die Erörterungen über die phylogenetischen Beziehungen zur Gattung *Campylodiscus*, da die Torsionserscheinungen in beiden Gruppen ganz verschiedener Art sind: die *Surirella*-Arten sind um die Apikalachse, die Arten der Gattung *Campylodiscus* aber um die Pervalvarachse tordiert! Daher zeigen ihre Arten in den Zellen eine tatsächliche Achsenkreuzung, indem die Paratransapikalachse der einen Schale der Parapikalachse der anderen Schale parallel läuft, während bei den tordierten *Surirella*-Arten die gleichen Achsen ihre Lage zueinander behalten und lediglich eine scheinbare Kreuzung, und zwar nur der Parapikalachsen untereinander, durch die Torsion hervorgerufen wird. Es handelt sich also um ganz verschiedene Dinge, die phylogenetisch keine Beziehungen zwischen den beiden Gattungen bedeuten. Außerdem kann man bei *Campylodiscus* kaum von einer Torsion der Zelle

Fig. 32—34. *Surirella Höfleri* nov. spec.

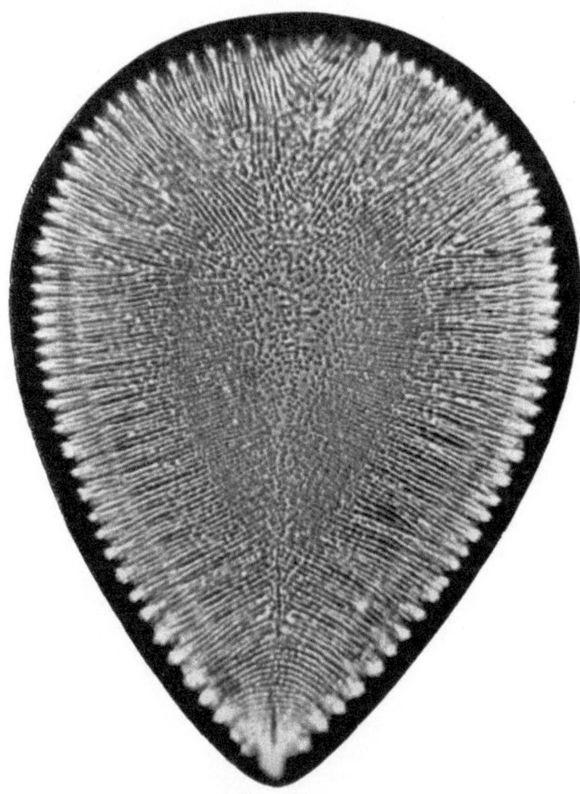

Fig. 35. *S. peisonis* Pant.
Vergr. 1000:1.

reden, sondern nur eine Zellhälfte ist gegen die andere um 90° um die Pervalvarachse gedreht, während bei *Surirella* die betreffenden Arten als ganze Zellen um die Apikalachse gedreht sind. Mit sehr wenigen Ausnahmen umfaßt *Campylodiscus* nur Meeresformen, während die Gattung *Surirella* neben zahlreichen marinen auch eine große Anzahl von Süßwasserarten enthält, bei denen die Torsionen zum Teil stärker ausgeprägt sind als bei den marinen Arten. Auch diese Verbreitung spricht gegen phylogenetische Zusammenhänge auf Grund der Torsionen, die sich in den Gattungen, nicht nur bei *Surirella* und *Campylodiscus*, unabhängig voneinander und in verschiedener Richtung entwickelt haben. Drehungen um die Apikalachse sind auch bei den naviculoiden Diatomeen verbreitet, während Verschiebungen der Zellhälften um die Pervalvarachse bei zentrischen Diatomeen häufig auftreten, aber in keinem Falle können sie als Grundlage phylogenetischer Schlußfolgerungen dienen.

126. *S. ovalis* Bréb. Nur sehr selten und nur in der Meierhoflacke (19) beobachtet.

127. *S. ovata* Kütz. Im Gebiet ebenfalls nur wenig verbreitet, wenigstens soweit die hier behandelten Lacken in Frage kommen. Nur gefunden in der Darscholacke (22), im Ob. Schrändl (42) und in der Einsetzlacke (44).

128. *S. peisonis* Pant. Gehört zu den charakteristischen Leitformen nicht nur des Neusiedler Sees, sondern auch des Lackengebiets. Häufig bis sehr häufig in der Darscholacke (22), Fuchslochlacke (26) und im Unt. Stinker (36), außerdem beobachtet in 14, 19, 35, 38, 40, 44, 56, 57, 58. Die Häufigkeitsmaxima liegen in den Lacken mit höherer Alkalinität, höherem Natrium- und Sulfatgehalt, jedoch beweist die weite Verbreitung innerhalb unseres Gebiets, daß die Art auch gegenüber Schwankungen dieser Faktoren eine gewisse Toleranz zeigt. Es ist aber nicht zu verkennen, daß es sich um eine typische Bewohnerin der Natrongewässer handelt. Auf die Variabilität der Art gehe ich bei der Bearbeitung des Neusiedler Sees näher ein. Fig. 35.

Gatt. *Campylodiscus* Ehr.

129. *C. clypeus* Ehr. Massenhaft im Ob. Stinker (35), im Phragmitetum im Juni 1939 (leg. LEGLER), häufig im Albersee (39) und Herrnsee (43 und 43a), sonst nur noch in der Einsetzlacke (44, selten!) und in der Krautinglacke (57). Die Häufigkeitsmaxima liegen nur bei höherer Salzkonzentration, wobei das Natriumcarbonat wieder eine wesentliche Rolle spielt. In der Runden Lacke, die nach LEGLER (1941, S. 61) den extremsten Fall der Karbonatlacken des Gebietes darstellt, habe ich die Art bisher nicht beobachtet, weder

im Material LEGLERS von 1939 noch in den von mir im Nov. 1958 gesammelten Proben.

var. *bicostatus* (W. Smith) Hust. Sehr häufig unter der Art im Ob. Stinker (35), vereinzelt im Herrnsee (43a) und in der Darscholacke (22).

III. Allgemeine Bemerkungen über die Diatomeenflora der behandelten Lacken.

Obgleich eine endgültige Beurteilung der Diatomeenflora des Seewinkels und der sie bedingenden Faktoren erst nach Bearbeitung auch der übrigen Gewässer möglich ist, dürfte es wünschenswert sein, die sich aus den bisherigen Untersuchungen ergebenden Resultate in allgemeiner und vergleichender Form zusammenzufassen, auch wenn sich durch die weiteren Untersuchungen Korrekturen ergeben sollten. Auch eine vorläufige Darstellung ist schon deshalb vorteilhaft, weil sie für gleichzeitig laufende anderweitige biologische Studien im Lackengebiet unter Umständen einige Anhaltspunkte geben kann.

Insgesamt wurden in den 21 Lacken 153 Formen in 34 Gattungen und 131 Arten festgestellt, von denen im systematischen Teil 2 Gattungen mit je einer Art nicht berücksichtigt sind (*Melosira ambigua* und *Stephanodiscus astraea*), weil mit Sicherheit angenommen werden kann, daß sie in die betreffenden Lacken durch außere Faktoren eingeschleppt und nicht autochthon sind. Die übrigen Formen verteilen sich zahlenmäßig folgendermaßen auf die Gattungen:

Gattung	Zahl der		Gattung	Zahl der	
	Arten	Formen		Arten	Formen
Achnanthes	6	6	Fragilaria	3	4
Amphiprora	1	1	Gomphonema	6	9
Amphora	5	5	Gyrosigma	2	2
Anomoeoneis	3	4	Hantzschia	3	4
Caloneis	2	3	Mastogloia	1	1
Campylodiscus	1	2	Meridion	1	1
Cocconeis	2	2	Navicula	18	22
Cyclotella	3	3	Neidium	1	1
Cylindrotheca	1	1	Nitzschia	27	29
Cymatoplaura	1	1	Pinnularia	4	6
Cymbella	11	11	Rhoicosphenia	1	1
Denticula	1	1	Rhopalodia	2	3
Diatoma	3	3	Scoliotropis	1	1
Diploneis	1	2	Stauroneis	3	3
Epithemia	4	6	Surirella	4	4
Eunotia	2	2	Synedra	5	7

Es kann als sehr wahrscheinlich angenommen werden, daß außer den beiden von mir bereits abgesetzten, oben genannten Arten auch noch weitere Formen eingeschleppt sind und im Gebiet nur allochthon vorkommen. Das dürfte besonders mit den Arten der Gattungen *Denticula*, *Diatoma*, *Eunotia* und *Meridion* wenigstens zum Teil der Fall sein. Die Einschleppungs- und noch mehr die Verschleppungsmöglichkeiten innerhalb des Lackengebiets sind sehr groß, als Faktoren wirken der Mensch, besonders durch die zum Teil schon vollendete Kanalisation des Gebiets, der Wind und die reiche Vogelwelt. Auch die unmittelbare Nachbarschaft des Neusiedler Sees trägt vermutlich dazu bei, obgleich ich in dieser Beziehung einige Zweifel hege, die in der Verbreitung der bekannten *Bacillaria paradoxa* begründet sind. Sie gehört zu den besonders im sehr breiten Schilfgürtel des Sees häufigsten Massenformen, aber im Lackengebiet habe ich bisher nicht ein einziges Exemplar gefunden! Ich betone das ausdrücklich, um zu zeigen, daß die von manchen Autoren angenommene Verschleppung von Mikroorganismen durch Zugvögel mit einer gewissen Skepsis aufzufassen ist und von Endemismen z. B. der großen afrikanischen Seen eigentlich kaum noch die Rede sein könnte. Innerhalb eines kleinen Gebietes halte ich dagegen die Verschleppung durch Wasservögel für durchaus möglich und wahrscheinlich.

Im Gegensatz zu den als wahrscheinlich allochthon von der Florenliste abzusetzenden Arten muß natürlich angenommen werden, daß durch weitere Beobachtungen noch weitere Formen festgestellt werden, die uns bisher entgangen sind. Die Vollständigkeit der Florenliste ist zunächst abhängig von der Anzahl der untersuchten Proben, aber nur bis zu der Grenze, die durch die Synökologie der Standorte bestimmt wird. Der vorliegenden Arbeit liegen genau 100 Analysen zugrunde, also eine für das kleine Gebiet beachtliche Zahl, die kaum noch wesentliche Ergänzungen der Gesamtliste erwarten läßt, wohl aber sind innerhalb der einzelnen Gewässer Zusätze wahrscheinlich, die die Verbreitungsangaben der Arten im Gebiet mehr oder weniger korrigieren bzw. ergänzen werden. Dazu will ich gleich bemerken, daß auch in meinem hier behandelten Material noch einige wenige Formen vorliegen, die als Einzelfunde noch nicht spruchreif und deshalb zunächst bis zum Abschluß aller Untersuchungen beiseite gelassen sind.

Gegen eine zu erwartende wesentliche Erweiterung der Gesamt-Florenliste der in Frage kommenden 21 Lacken spricht auch der Umstand, daß das Material sowohl die von LEGLER 1939 gesammelten als auch die von Dr. LÖFFLER 1956 und mir 1958 entnommenen Proben umfaßt, und diese zeitlich beträchtlich auseinanderliegenden Sammlungen keine wesentlichen qualitativen Differenzen zeigen, sondern nur in einigen Fällen durch den quantitativen Anteil einzelner Arten verschieden sind. Derartige Unterschiede sind aber zum Teil auf die differenzierten Assoziationen der Kleinstbiotope, zum Teil auch auf jahreszeitlich-klimatische Ursachen zurückzuführen.

Daß die Zahl der untersuchten Proben an sich von untergeordnetem Einfluß ist, geht aus folgender Übersicht hervor:

Lacke	Zahl der		Lacke	Zahl der	
	Proben	Formen		Proben	Formen
Szerdahelyer	5	68	Unt. Silber	8	42
Mosado	4	11	Albersee	5	23
Lange	3	44	Zicksee	6	30
Meierhof	4	29	Ob. Schrändl	3	13
Hallabern	3	63	Herrnsee (43)	4	31
Darscho	3	45	Herrnsee (43a)	3	24
Ob. Halbjoch	2	15	Einsetz	15	78
Fuchsloch	4	14	Runde	4	28
Ob. Stinker	3	34	Krauting	5	25
Unt. Stinker	12	37	Heid	3	29
Ob. Silber	1	11			

Es ergab also z. B. 1 Probe aus der Ob. Silberlacke 11 Formen, für diese Zahl wurden aus der Mosadolacke 4 Proben benötigt, während 4 Proben aus drei anderen Lacken 29, 28, 31 Formen ergaben. In der Einsetzlacke konnten in 15 Proben 78 Formen festgestellt werden, in der Szerdahelyer Lacke ergaben nur 5 Proben fast dieselbe Zahl (68), während im Unt. Stinker in 12 Proben nur 37 Formen beobachtet wurden. Mögen auch durch weitere Untersuchungen einige Verschiebungen in den Zahlenverhältnissen verursacht werden, so ändern sie nichts an dem Schluß, den wir aus den vorhergehenden Erörterungen ziehen können: Sowohl die Artenarmut in der Diatomeenflora der 21 untersuchten Lacken in ihrer Gesamtheit als auch die außerordentliche Artenarmut einzelner Lacken ist die unmittelbare Folge der synökologischen Verhältnisse, die in der Diskrepanz der chemischen Faktoren und den starken Schwankungen in ihrer Komposition begründet sind.

Es ist außerordentlich schwierig, in jedem einzelnen Falle den **entscheidenden** Faktor zu erkennen, da hier die genaue Kenntnis der Autökologie der Diatomeen-Arten vorausgesetzt werden müßte, die wir aber in vielen Fällen erst im Begriffe sind, aus der Synökologie des Standorts abzuleiten. Eine Anordnung der Lacken nach der Anzahl der darin festgestellten Formen führt zu folgender Übersicht (Werte nach LÖFFLER, 1957, S. 34, die mit einem vorgesetzten × bezeichneten Reihen sind die Werte vom November 1958):

Lacke	LV	mval SBV	mg/l						Formenzahl
			Ca^{++}	Mg^{++}	Na^{+}	K^{+}	Cl^{-}	SO_4^{--}	
Mosado	1880	17,10	9,5	8,0	490	9	53	202	11
×	2240	18,80	5,0	2,0	570	20	68	240	
Ob. Silber	2330	14,20	5,0	63,0	576	27	301	404	11
Ob. Schrändl ...	1870	9,60	5,0	9,0	540	25	208	783	13
Fuchsloch	4780	46,80	22,0	12,0	1404	13	227	495	14
Ob. Halbjoch ...	6780	69,00	7,0	17,5	2196	11	315	939	15
Albersee	5360	20,20	4,5	29,5	1360	65	870	902	23
×	9500	33,48	6,0	27,0	2345	109	1496	1520	
Herrnsee (43a) ×	7500	29,52	27,0	296,0	1610	47	536	2510	24
Krauting .... ×	2945	28,60	10,0	52,0	1104	44	102	621	25
Runde ...... ×	4840	35,20	8,0	13,0	1334	35	304	796	28
Meierhof	3260	11,00	13,0	64,5	774	45	317	1000	29
×	3350	12,80	25	44,0	672	100	299	738	
Heid .... ×	2945	26,2	13,5	37	693	7	?	235	29
Zicksee (Illm.) ..	2900	14,40	3,5	16,0	774	25	365	528	30
×	5660	31,40	11,0	43,0	1450	77	634	950	
Herrnsee (43) ...	6900	17,80	20,0	320,0	1458	31	513	2840	31
×	6770	26,00	28,0	276,0	1430	39	474	2290	
Ob. Stinker	3540	32,60	6,5	12,5	1044	23	234	390	34
Unt. Stinker ...	2100	20,00	15,0	40,0	720	13	162	533	37
×	2780	24,40	13,5	40,0	690	20	166	259	
Unt. Silber	5540	32,20	4,5	42,5	1458	49	830	618	42
×	8540	43,80	7,0	26,0	2210	68	1168	1130	
Lange	1200	10,20	7,0	95,0	191	11	54	241	44
×	1760	12,80	9,0	83,0	274	16	74,5	224	
Darscho	2030	19,70	7,5	50,0	496	9	85	202	45
×	2300	19,84	6,0	43,0	540	14,5	98	244	
Hallabern ... ×	870	7,88	45,0	50,0	103	8	35,5	109	63
Szerdahelyer ..	740	8,50	27,0	57,0	98	9	21	69	68
×	985	8,60	31,0	63,0	97	9	32	80	
Einsetz	6851	6,50	31,5	57,0	81	7	25	132	78
×	974	9,52	55,0	69,0	92	7	37	102	

Wir entnehmen aus dieser Zusammenstellung eine sehr wesentliche Tatsache: **keine** Reihe der ökologischen Faktoren läuft der

Reihe parallel, in der die Anzahl der beobachteten Formen gegeben wird, und damit wird erneut bestätigt, was ich am Schluß meiner ökologischen Untersuchungen über die Diatomeenflora der Deutschen Limnologischen Sunda-Expedition ausgeführt habe: die Organismenwelt eines Gewässers ist die Resultante des Zusammenspiels aller am Standort wirksamen ökologischen Faktoren, die zum Teil auch mehr oder weniger voneinander abhängen (Hustedt 1937–1939, Bd. 16, S. 373), und je komplexer der Chemismus und je größer seine Schwankungen innerhalb des Gewässers oder je extremer er in einer Richtung ausgeprägt ist, desto artenärmer muß die Organismenwelt erscheinen.

Im allgemeinen ergibt die Tabelle folgendes: Die höheren Formenzahlen sind gebunden an gemeinsame niedrige Werte von Leitvermögen, SBV, Sulfaten und Chloriden in Verbindung mit höheren Werten von $Ca^{++} + Mg^{++}$. Vergleichen wir z. B. die Darscho- mit der Mosadolacke, so stimmen beide Gewässer in den meisten chemischen Faktoren ganz oder annähernd überein, dagegen ist der Anteil der Erdalkalien an der Summe der Kationen von 10,2 auf 3,3%, die Formenzahl von 45 auf 11 gesunken. Fuchslochlacke und Albersee stimmen im prozentualen Anteil von $Ca^{++} + Mg^{++}$ an der Summe der Kationen überein (2,3%), Chlorid, Sulfat und Leitvermögen sind in der Fuchslochlacke erheblich geringer, die höhere Formenzahl entfällt jedoch auf den Albersee, da in der Fuchslochlacke mit der hohen Alkalinität von 46,80 mval SBV das Natriumcarbonat als Maximumfaktor die Entwicklung der Diatomeenvegetation begrenzt. Dasselbe ist in der Ob. Halbjochlacke mit der, ebenfalls durch Na_2CO_3 bedingten, extrem hohen Alkalinität von 69,00 der Fall.

Die in den meisten Lacken auftretenden mehr oder weniger starken Schwankungen im Chemismus, die auch aus der Tabelle hervorgehen, lassen naturgemäß die Wechselwirkung der einzelnen Faktoren nicht immer so eindeutig erscheinen wie es in den angeführten Beispielen der Fall ist. Die Entwicklung der Diatomeenflora, wie überhaupt jeder Organismengruppe, wird aber bedingt durch die Grenzwerte, mit denen die ökologischen Faktoren als Minimum- bzw. Maximumwerte auftreten. Das charakteristische Element in den Salzlacken ist das Natrium, das aber in der Verbindung NaCl im Meere eine hochentwickelte Diatomeenflora bewirkt, und so liegt es nahe, einen Vergleich mit dem Meerwasser durchzuführen. Dabei ist es vorteilhafter, auf die relativen Werte zurückzugreifen, d. h. auf den prozentualen Anteil an der Summe der Kationen, den ich im systematischen Teil bereits wiederholt mit herangezogen habe.

Lacke	Ca^{++}	Mg^{++}	Na^{+}	K^{+}	Formenzahl
	in % der Kationen				
Einsetz	17,8	32,3	45,9	4	78
Szerdahelyer	14,1	30	51,3	4,7	68
Lange	2,3	31,25	62,8	3,6	44
Herrnsee (43)	1,1	17,5	79,7	1,7	31
Ob. Silber	0,7	9,4	85,8	4	11
Meierhof	1,5	7,2	86,3	5	29
Darscho	1,3	8,9	88,2	1,6	45
Unt. Stinker	2	5	91,4	1,6	37
Albersee	0,3	2	93,2	4,5	23
Ob. Schrändl	0,9	1,5	93,3	4,3	13
Unt. Silber	0,3	2,7	93,8	3,2	42
Mosado	1,8	1,5	94	2,7	11
Zicksee (Illm.)	0,4	2	94,6	3	30
Ob. Stinker	0,6	1,2	96,1	2,1	34
Fuchsloch	1,5	0,8	96,8	0,9	14
Ob. Halbjoch	0,3	0,8	98,4	0,5	15
Meerwasser	3,4	10,7	82,8	3,3	∞

Mit Ausnahme der 4 oberen Lacken liegen also die Na^{+}-Werte stets über dem Anteil im Meerwasser, meistens sogar sehr beträchtlich, während Mg^{++} und besonders Ca^{++} den marinen Anteil zwar in einigen Fällen übersteigen, aber ihn im allgemeinen nicht erreichen. Die höhere Formenzahl ist an die geringeren Na^{+}-Werte gebunden, und es ist aus der Tabelle ersichtlich, daß das Natrium im Lackengebiet als Maximumfaktor auftritt, der besonders als Na_2CO_3 und Na_2 So_4 die Entwicklung einer reicheren Diatomeenvegetation verhindert, die aber doch einige Arten enthält, die in ihrer Verbreitung auf diese Gewässer beschränkt oder hier wenigstens optimal entwickelt sind. Dazu gehören

Amphora subcapitata	beobachtet in	9 Lacken,	davon in	3 hfg.
Anomoeoneis costata	beobachtet in	16 Lacken,	davon in	4 hfg.
Cymbella pusilla	beobachtet in	16 Lacken,	davon in	12 hfg.
Gyrosigma peisonis	beobachtet in	4 Lacken		
Hantzschia spectabilis	beobachtet in	8 Lacken,	davon in	3 hfg.
— vivax	beobachtet in	8 Lacken		
Navicula halophila	beobachtet in	17 Lacken,	davon in	9 hfg.
Nitzschia austriaca	beobachtet in	5 Lacken,	davon in	1 hfg.
— amphioxoides	beobachtet in	11 Lacken,	davon in	2 hfg.
— peisonis	beobachtet in	2 Lacken,	davon in	2 hfg.
— vitrea	beobachtet in	15 Lacken,	davon in	4 hfg.
Scoliotropis peisonis	beobachtet in	10 Lacken		

Stauroneis Wislouchii beobachtet in 6 Lacken,
Surirella Höfleri beobachtet in 10 Lacken, davon in 5 hfg.
— peisonis beobachtet in 12 Lacken, davon in 3 hfg.

Dazu kommen noch einige weitere neue Arten, über deren Verbreitung noch kein Urteil zu fällen ist. Aus der Anzahl der Standorte, an denen die betreffenden Arten häufig auftreten, geht hervor, daß insbesondere *Cymbella pusilla* und *Navicula halophila* gegenüber den ökologischen Schwankungen am unempfindlichsten sind (unter den Arten des Lackengebiets!), während andere die Sodagewässer bevorzugen.

Abschließend möge eine Zusammenstellung über das Verhältnis von Formenzahl zur Anzahl der Standorte folgen, die ebenfalls einen Schluß auf die Entwicklung der Diatomeenflora zuläßt.

Anzahl der			Anzahl der		
Standorte	Formen	häufigen Vorkommen	Standorte	Formen	häufigen Vorkommen
1	42	5	12	1	3
2	26	3	13	2	10
3	14	6	14	2	9
4	13	9	15	2	7
5	11	5	16	3	6
6	10	15	17	3	16
7	5	2	18	1	12
8	4	8	19	—	—
9	3	8	20	1	10
10	6	7	21	—	—
11	2	3	21	151	144

Diese Zahlen bedeuten, daß durchschnittlich nur 7 Formen und nur ein häufiges Vorkommen auf jede Lacke kommt, und das sind im Vergleich zu Teichen ohne einseitig gerichteten Chemismus ganz abnorme Verhältnisse. Mehr als 50% der Formen sind in ihrer Verbreitung auf 1–3 Standorte beschränkt, und mehr als 10 Standorte werden nur von je 1–3 Formen erreicht. Unter den großen, artenreichen Gattungen steht im Lackengebiet die Gattung *Nitzschia* an erster Stelle, wie aus der Übersicht S. 444 hervorgeht. Sie übertrifft die viel artenreichere Gattung *Navicula* nicht nur in der Formenzahl, sondern auch in der Anzahl der Vorkommen. Auf *Navicula* entfallen 110, darunter 21 häufige, auf *Nitzschia* dagegen 152 mit 31 häufigen Vorkommen. Diese Vorherrschaft der Nitzschien ist eine Erscheinung, die wir an vielen versalzenen Gewässern des Binnenlandes beobachten.

Wie ich bereits einleitend S. 444 bemerkt habe, beziehen sich die allgemeinen Erörterungen zunächst nur auf die 21 in dieser Arbeit behandelten Gewässer; wie weit sie für das ganze Lackengebiet Gültigkeit haben, werden weitere Untersuchungen zeigen.

Verzeichnis der neu benannten Formen.

Amphora subcapitata (Kiss.) nov. comb., S. 426, Fig. 8.
Hantzschia spectabilis (E.) nov. comb., S. 431.
– *vivax* (W. Sm.) nov. comb., S. 431.
Nitzschia amphibia forma *rostrata* n. f., S. 436, Fig. 26, 27.
– *amphioxoides* nov. spec., S. 433, Fig. 21.
– *austriaca* nov. spec., S. 439, Fig. 28–31.
– *diversa* nov. spec., S. 436, Fig. 14–17.
– *Legleri* nov. spec., S. 437, Fig. 18–20.
– *subtilioides* nov. spec., S. 438, Fig. 9–13.
Stauroneis Legleri Hust., S. 418, Fig. 5–7.
Surirella Höfleri nov. spec., S. 441, Fig. 32–34.

Literaturverzeichnis.

ALEEM, A. A. und HUSTEDT, F., 1951: Einige neue Diatomeen von der Südküste Englands. Bot. Not., *104*, S. 13.

FRANZ, H., HÖFLER, K. und SCHERF, E., 1937: Zur Biosoziologie des Salzlachengebietes am Ostufer des Neusiedler Sees. Verh. Zool.-Bot. Ges. Wien, *86/87*, 297.

GRUNOW, A., 1862: Die österreichischen Diatomaceen, 2. Verh. k. k. zool.-bot. Ges. Wien, *12*, 545.

HUSTEDT, F., 1930: Bacillariophyta (Diatomeae). Süßwasserflora Mitteleur., herausgeg. v. A. PASCHER, *10*, 2. Aufl.

– 1930 u. ff.: Die Kieselalgen. RABENHORSTS Kryptogamenfl., Bd. *7*.

– 1935: Untersuchungen über den Bau der Diatomeen, X, XI. Ber. Deutsch. Botan. Ges. *53*, 3.

– 1935: Die fossile Diatomeenflora in den Ablagerungen des Tobasees auf Sumatra. Arch. f. Hydrobiol., Suppl. Bd. *14*, 143.

– 1937–1939: Systematische und ökologische Untersuchungen über die Diatomeen-Flora von Java, Sumatra und Bali. Arch. f. Hydrobiol., Suppl. Bd. *15*, 131, 187, 393, 638. Bd. *16*, 1, 274.

– 1942: Diatomeen aus der Umgebung von Abisko in Schwedisch-Lappland. Arch. f. Hydrobiol. *39*, 82.

– 1948: Die Diatomeenflora des Beckens. Anhang zu: A. THIENEMANN, Die Tierw. eines astat. Gartenbeck. Schweiz. Ztschr. f. Hydrologie, *11*, 41.

– 1949: Diatomeen von der Sinai-Halbinsel und aus dem Libanon-Gebiet. Hydrobiologia, *2*, 24.

– 1952: Neue und wenig bekannte Diatomeen. IV. Bot. Not. *105*, 366.

– 1955: Neue und wenig bekannte Diatomeen. 8. Abh. naturw. Ver. Bremen, *34*, 47.

JURILJ, A., 1950: New Diatoms – Surirellaceae – of Ochrida Lake and their phylogenetic significance. Diss. Zagreb. 1950.

– 1954: Flora i Vegetacija Dijatomeja Ohridskog Jezera. Prir. istraživanja, *26*, 99.

KISSELEW, A., 1932: Zur Kenntnis des Phytoplanktons des Issykkul-Sees. Mém. de l'Inst. Hydrol., *7*, 65.

LEGLER, F., 1941: Zur Ökologie der Diatomeen burgenländischer Natrontümpel. Sitzungsber. Akad. Wiss. Wien, Mathem.-naturw. Kl., Abt. I, *150*, 45.

LÖFFLER, H., 1957: Vergleichende limnologische Untersuchungen an den Gewässern des Seewinkels (Burgenland). I. Der winterliche Zustand der Gewässer und deren Entomostrakenfauna. Verh. Zool.-Bot. Ges. Wien, *97*, 27.

PANTOCSEK, J., 1912: Bacillariae Lacus Peisonis. Pozsony (Preßburg).

PETERSEN, J. B., 1930: Algae from O. Olufsen's Second Danish Pamir Expedition 1898 – 1899. Dansk Bot. Ark. Bd. *6*, Nr. 6.

PORETZKY, W. S. und ANISIMOWA, N. W., 1933: Materialien zur Ökologie der Diatomeen aus den Salzgewässern von Staraja Russa. Explor. des lacs de l'U.R.S.S., fasc. *2*, 31.

SCHMIDT, A., 1874 – 1959: Atlas der Diatomaceenkunde, fortgesetzt von M. SCHMIDT, F. FRICKE, O. MÜLLER, H. HEIDEN und F. HUSTEDT. Aschersleben – Leipzig – Berlin.

Anschrift des Verfassers: Dr. Friedrich HUSTEDT, Bremen 1, Ingelheimer Straße 7.

Additional information of this book

(Die Diatomeenflora des Salzlackengebietes im österreichischen Burgenland; 978-3-662-24182-0) is provided:

http://Extras.Springer.com

Die in den Sitzungsberichten Abtlg. I und Abtlg. IIa der math.-nat. Klasse der Österr. Ak. d. Wiss. erscheinenden Abhandlungen werden auch einzeln abgegeben. Sie können durch jede Buchhandlung oder direkt durch die Auslieferungsstelle der Österreichischen Akademie der Wissenschaften (Wien I, Singerstraße 12) bezogen werden.

Nachfolgende Abhandlungen aus dem Fach der Zoologie sind erschienen:

1956 (S I Bd. 165):

Brehm V.: Bemerkungen zu einigen neueren Cladocerenfunden aus Amerika (mit 2 Textabbildungen). S 9.—
Brehm V.: Über einige Entomastraken Südamerikas (mit 7 Textabbildungen). S 8.50
Janczyk F. St. W.: Anatomie von Siro duricorius Joseph im Vergleich mit anderen Opilioniden (mit 28 Textabbildungen). S 40.—
Mathes Ingeborg: Zur systematischen Stellung der Gattung Platyarthus Brandt (mit 9 Textabbildungen). S 10.50
Medwenitsch W.: Zur Geologie Vardarisch-Makedoniens (Jugoslawien) zum Problem der Pelagoniden (mit 11 Abbildungen im Text und auf 2 Tafeln und 2 Beilagen). S 51.—
Schiller J.: Untersuchungen an den planktischen Protophyten des Neusiedler Sees 1950—1954 III. Teil: Euglenen (mit 70 Abbildungen auf 15 Tafeln). S 47.80

1957 (S I Bd. 166):

Janetschek H. und Steiner W.: Zoologisch-systematische Ergebnisse der Studienreise in die spanische Sierra Nevada 1954.
Janetschek H.: I. Einführung. S 2.80
Wagner E.: II. Einige neue Heteropteren (mit 26 Textabbildungen). S 7.60
Lengersdorf F.: III. Neue Lycoriiden (Sciariden) (Ins., Diptera) (mit 1 Textabbildung). S 3.—
Schmitz H. S. J.: IV. Phoridae (Diptera) (mit 5 Textabbildungen und 3 Tafeln). S 18.10
Priesner H.: V. Thysanoptera.
Roudier A.: VI. Drei neue Curculioniden-Arten (Coleoptera) (mit 1 Textabbildung). S 10.—
Denis J.: VII. Araneae (mit 23 Textabbildungen und 1 Tafel). S 31.50
Scheller U.: VII. Symphyla. S 3.—
Kühnelt W.: Ergebnisse der Österreichischen Iran-Expedition 1949/50. Die Tenebrioniden Irans (mit 1 Tafel). S 33.20
Kühnelt W.: Weiß als Strukturfarbe bei Wüstentenebrioniden (mit einem Beitrag von C. Koch, Pretoria) (mit 1 Tafel). S 8.60
Starmühlner F.: Ergebnisse der Österreichischen Island-Expedition 1955. Zur Individuendichte und Formänderung von Lymnaea peregra Müller in isländischen Thermalbiotopen (mit 7 Textabbildungen und 2 Tafeln). S 46.80
Starmühlner F.: Ergebnisse der Österreichischen Iran-Expedition 1949/50. Beiträge zur Kenntnis der Molluskenfauna des Iran, und Edlauer A.: Konchyliologische Bestimmungen und Beschreibungen (mit 17 Textabbildungen, 3 Tafeln und 1 Beilage).
Tollmann A.: Die Mikrofauna des Burdigal von Eggenburg (Niederösterreich) (mit 2 Textabbildungen. 7 Tafeln und 2 Tabellen). S 45.90
Wettstein O.: Nachtrag zu meiner Herpetologia aegaea (mit 2 Textabbildungen und 8 Tafeln). S 56.60

1958 (SI Bd. 167):

Amsel Hans Georg: Ergebnisse der Österreichischen Iran-Expedition 1949/50. Lepidoptera II. (Microlepidoptera) (mit 1 Tafel und 7 Textabbildungen). S 12.60
Beier Max, Reimoser E. und Kritscher E.: Zoologische Studien in West-Griechenland. VII. Teil Araneae. S 5.70
Beier Max und Scheerpeltz Otto: Zoologische Studien in West-Griechenland. VIII. Staphylinidae (Col.) (mit 1 Textabbildung). S 48.30
Brehm V.: Bemerkungen zu einigen Kopepoden Südamerikas (mit 5 Textabbildungen). S 25.60
Brehm V.: Die systematischen Verhältnisse bei Notodiaptomus Anisitsi Daday und perelegans Wright (mit 4 Textabbildungen). S 10.50
Löffler Heinz: Die Klimatypen des holomiktischen Sees und ihre Bedeutung für zoogeographische Fragen (mit 1 Textabbildung und 1 Beilage). S 27.30
Mihelčič Franz: Zoologisch-systematische Ergebnisse der Studienreise von H. Janetschek und W. Steiner in die spanische Sierra Nevada 1954, IX. Milben (Acarina) (mit 10 Textabbildungen). S 21.60
Nemenz Harald: Beitrag zur Kenntnis der Spinnenfauna des Seewinkels (Burgenland, Österreich) (mit 3 Textabbildungen). S 27.30
Reisser Hans: Ergebnisse der Österreichischen Iran-Expedition 1949/50. Lepidoptera I. (Macrolepidoptera) (mit 44 Abbildungen auf 9 Tafeln und 1 Karte). S 57.70
Scheminzky F. und Stipperger H.: Über die Fluoreszenz der Eihäute beim Weberknecht Gyas annulatus (mit 1 Textabbildung und 1 Tafel). S 8.10
Schuster Reinhart: Beitrag zur Kenntnis der Milbenfauna (Oribatei) in pannonischen Trockenböden (mit 4 Textabbildungen). S 12.60
Viets O. Kurt: Wassermilben aus der Schwechat (Wienerwald) (mit 20 Textabbildungen). S19.80